U0100115

輕食配搭
沙律與三文治

薩巴蒂娜 主編

卷首語

沙律與三文治，怎樣做都不會錯

有一種 DIY 的三文治我特別喜歡，那就是吞拿魚三文治。不用開火，只需一個碗，廚藝零基礎的人都可以做到，出錯率很低。

材料是橄欖油浸吞拿魚一罐，千島醬一瓶，紫皮洋葱 1/2 個，青瓜、番茄、生菜、青椒各適量。

做法是把洋葱切碎粒，與吞拿魚罐頭倒入碗裏，和千島醬一起搗碎成糊狀。青瓜和番茄切片，生菜和青椒切絲，然後在長條麵包上（剛烤好的法式長麵包最好）塗抹上吞拿魚醬，夾上蔬菜，就搞定了。超級簡單，用料多寡都不要緊。我喜歡放很多蔬菜，做一個超級大的「胖三文治」，一個就可以吃飽，而且味道一流，吃的時候極其愉悦。

如果想更低脂低卡，可以不要麵包，那麼就變成沙律了。還能將油浸吞拿魚改為礦泉水浸，做好之後直接用青瓜蘸着魚醬吃，或者用生菜捲起來吃。

我還試過用粟米脆餅裹着吃，味道也是相當好，還順便攝取了富含膳食纖維的粗糧。

這個吞拿魚醬有各種變化，除了放洋葱，還可以放芝士、白煮雞蛋、馬鈴薯、酸青瓜、橄欖、黑胡椒，甚至辣醬。每次都可以換一種做法，隨機應變，而每次試出來，味道都很好。

深愛中華料理的我，在這裏一本正經地教我們的讀者如何做一道簡單的吞拿魚沙律三文治，你就知道我有多愛這道料理。

除了我特別推薦的，這本書還包含了很多沙律和花式三文治，每一種都有自己的氣質和故事，希望你喜歡！

高欣茹

薩巴小傳：本名高欣茹。薩巴蒂娜是當時出道寫美食書時用的筆名。曾主編過五十多本暢銷美食圖書，出版過小説《廚子的故事》，美食散文《美味關係》。現任「薩巴廚房」主編。

目錄 contents

Chapter 2

魚、蝦、海鮮類

Chapter 3

禽肉、蛋類

Chapter 4

水果、素食類

Chapter 5

穀物、豆類、堅果

初步瞭解全書

為了確保菜譜的可操作性，本書的每一道菜都經過我們試做、試吃，並且是現場烹飪後直接拍攝的。

本書每道食譜都有步驟圖、營養貼士、烹飪難度和烹飪時間的指引，確保您照着圖書一步步操作便可以做出好吃的菜餚。但是具體用量和火候的把握也需要您經驗的累積。

受多方因素影響，食材的熱量值並非固定和唯一，書中的熱量值僅為參考值。

容量對照表

1 茶匙固體調料＝ 5 克
1/2 茶匙固體調料＝ 2.5 克
1 湯匙固體調料＝ 15 克
1 茶匙液體調料＝ 5 毫升
1/2 茶匙液體調料＝ 2.5 毫升
1 湯匙液體調料＝ 15 毫升

知識篇

關於沙律

工具

有這些利器在手，做起沙律才能事半功倍！

沙律碗

造型簡單大方的大口徑沙律碗，用來拌沙律一流！

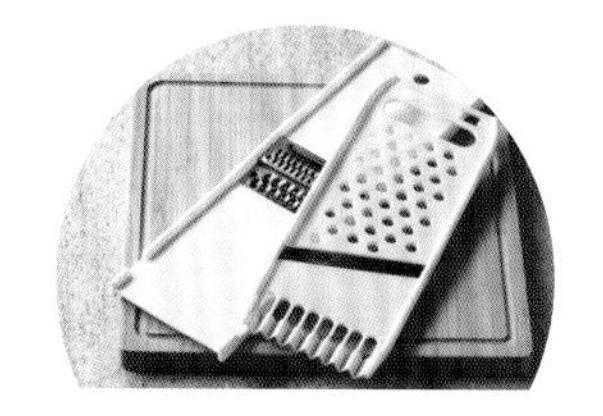

蔬菜切片切絲器

做沙律造型很重要，切個片、刨個絲，有它最方便！

料理機

做沙律醬汁怎能缺少料理機？

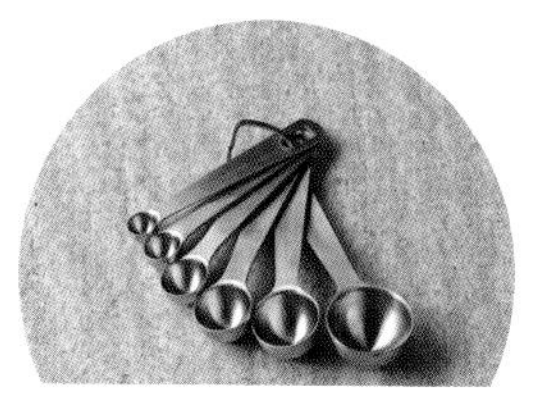

量勺

對新手來說，沒什麼比分量準確更重要的了……

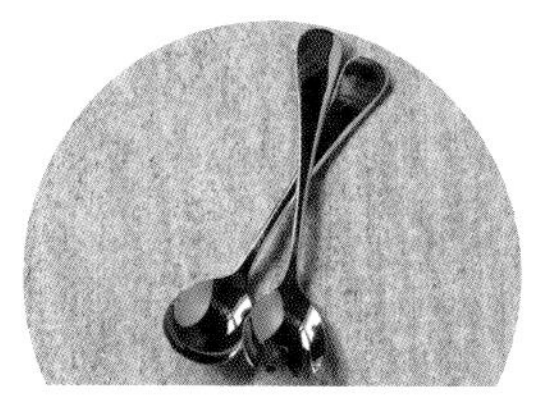

攪拌套件

一隻大勺一隻叉，便是沙律入味的秘密！

榨汁機

檸檬、橙子、西柚榨汁只靠它！

關於三文治

種類

- 總匯三文治

也叫俱樂部三文治，是傳統三文治之一，用三層麵包片夾餡。

- 開放式三文治

來自丹麥的美食經典，這種三文治沒有「蓋子」，只以單片麵包做底，多以粗糧麵包為主。

- 潛艇三文治

用長條麵包製作的三文治，著名美式三文治品牌 Subway 所出售的就是典型的潛艇三文治。

- 法式三文治

對待美食，精緻的法國人有自己的堅持，就連三文治也不例外，他們最喜歡夾餡吃。

- 貝果三文治

用貝果麵包製作的三文治品種。

- 帕尼尼

在意大利，帕尼尼就是三文治的代名詞，質地堅實，表面有金黃焦痕是它的標誌。

- 卷餅

包括中東地區的皮塔餅（PITA）、墨西哥卷餅（TACO）、越南春卷，還有法國的可麗餅。

麵包

麵包是三文治的基礎，不同的麵包決定了三文治不同的口感和味道。

切片多士

最常見的三文治用麵包，質地柔軟，糖、奶、油的比例較高。

全麥麵包

用全麥麵粉製作的麵包，富含膳食纖維，質地較粗糙，是較為健康的麵包品種之一。

雜糧麵包

用五穀雜糧製作的麵包，富含膳食纖維，能平衡人體的營養需求。

牛角包

牛角包層次分明，吃起來酥脆，配搭清爽的食材最為適宜。

夏巴塔麵（Ciabatta）

意大利的傳統麵包品種，是製作帕尼尼三文治的必備麵包品種之一。

法式長麵包

最傳統的法式麵包，外表酥脆，很有嚼勁。

貝果

也稱百吉餅，它的特色是將發酵過後的麵包放入沸水中煮過，再進行烘烤。質地扎實有韌勁。

卷餅

用粟米粉或麵粉製作的卷餅，是墨西哥卷餅（TACO）的必備材料。

鬆餅

這裏主要指的是英式鬆餅，其質地多孔，富有彈性。

可麗餅

源於法國的煎餅，做法基本和我們的煎餅餜子一致。

工具

多士爐
想讓麵包片有鬆脆口感，你一定要擁有它。

焗爐
烤牛扒、烤棉花糖……只要你想到的，都可以烤。

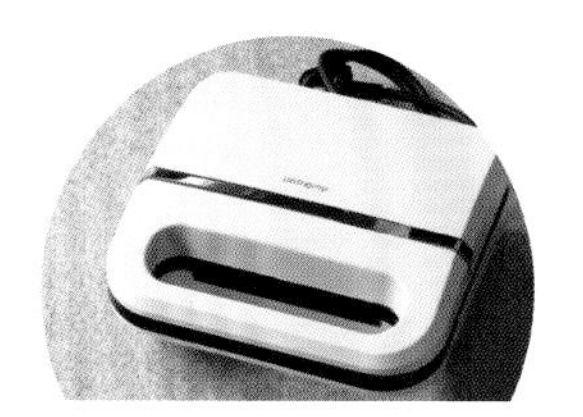

三文治機
懶人必備神器，幫你更方便地製作三文治。

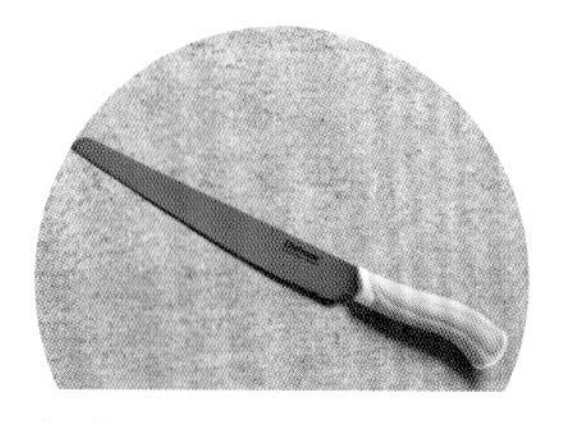

麵包刀
可以用來切面包、切肉。

抹刀
抹果醬、抹醬汁的利器。

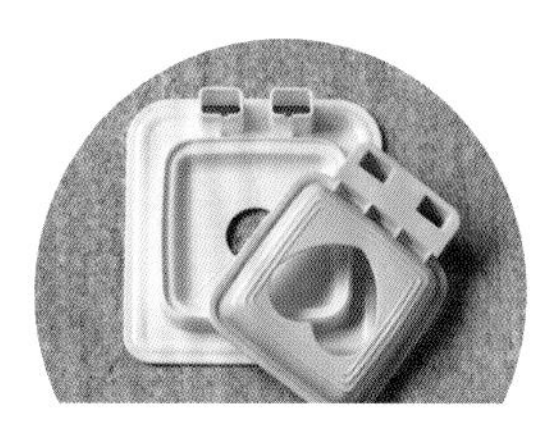

模具
用來製作口袋三文治、造型三文治。

包裝 vs 保存

餡料豐富的三文治應該怎麼包裝？如何保存才能讓我的三文治口口新鮮如初？

包裝

1 藥包包裝法

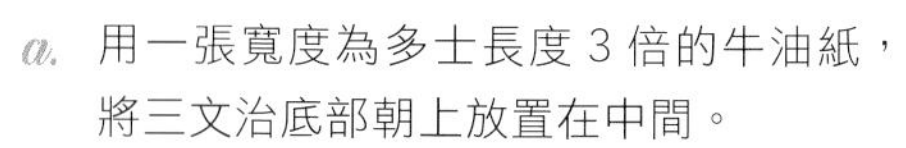

a. 用一張寬度為多士長度 3 倍的牛油紙，將三文治底部朝上放置在中間。
b. 拉起上下兩側的牛油紙對齊，朝下對折 2 厘米，然後按此寬度反覆向下折疊，直至折疊到三文治表面。
c. 將左右任一側的牛油紙向內折，折成三角形，將這三角形向下折疊到三文治底下；另一側的牛油紙也同樣操作。
d. 用膠帶或麻繩固定。
e. 適用於不立即食用的情況，吃的時候用刀縱向切開即可。

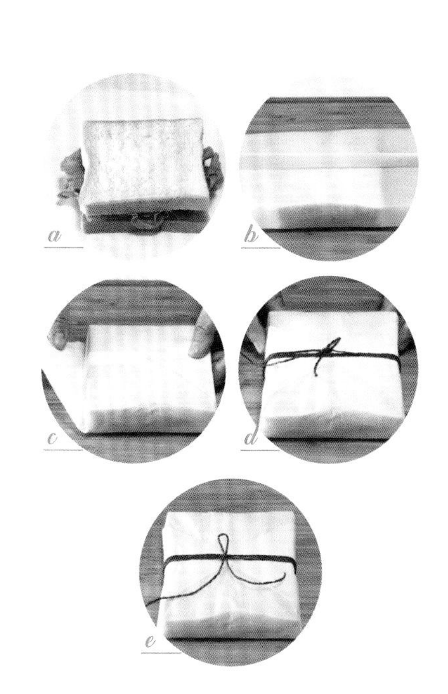

口袋包裝法

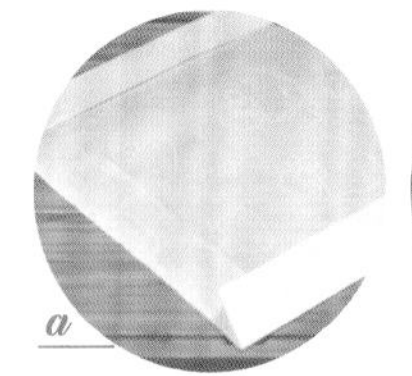

a. 用一張寬度約為三文治長度 3 倍的牛油紙，上下兩邊各向內折 2 厘米的圍邊。
b. 將三文治放在一側圍邊的中間位置。
c. 將下側的牛油紙拉起折向三文治，一定要緊貼包裹住三文治，再把左右兩側的牛油紙朝內折。
d. 用膠帶或麻繩固定。
e. 適用於立即食用的情況。

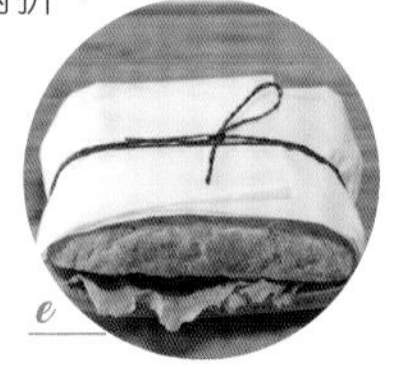

長條三文治包裝法

a. 根據三文治的大小，將牛油紙裁成長度為寬度 2 倍的長方形。
b. 將長條三文治用牛油紙纏繞起來，綁上麻繩，打上蝴蝶結。
c. 適用於法式長麵包、潛艇三文治等長條三文治。

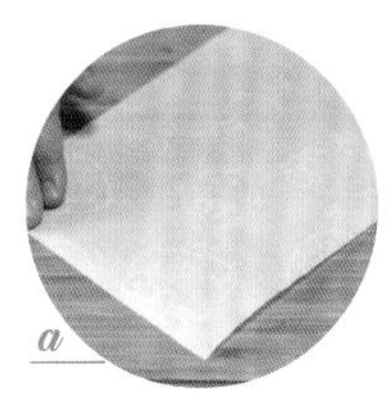

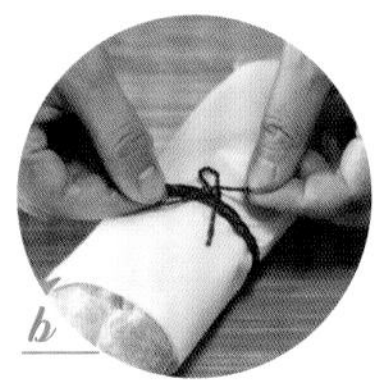

卷餅包裝法

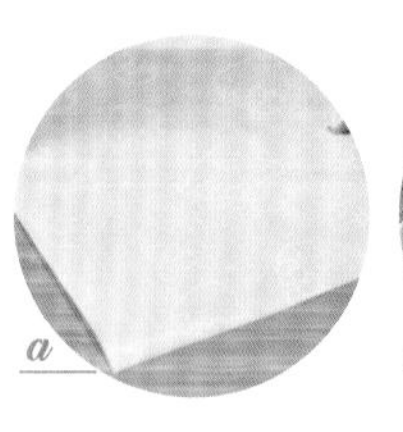

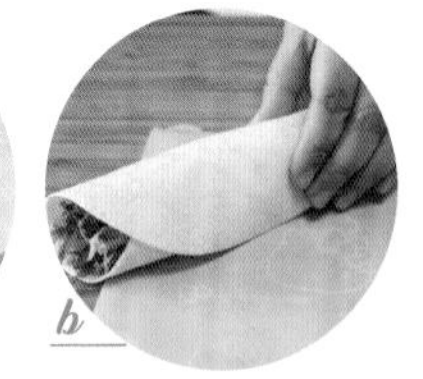

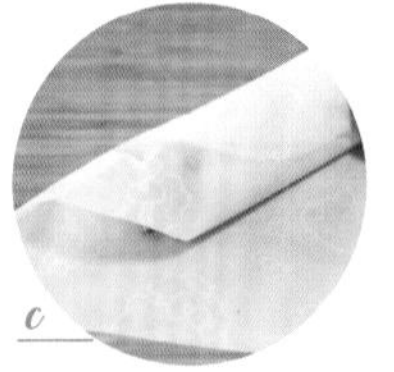

a. 取一張寬度為卷餅長度 2.5 倍的正方形牛油紙。
b. 將卷餅放置在任一角上。
c. 提起放置卷餅的那一角，緊貼卷餅捲起，捲至牛油紙對角線位置。
d. 將左右兩側的牛油紙向中間對折，繼續向前滾卷三文治，最後一個角收入折縫中。
e. 用麻繩或膠帶固定。

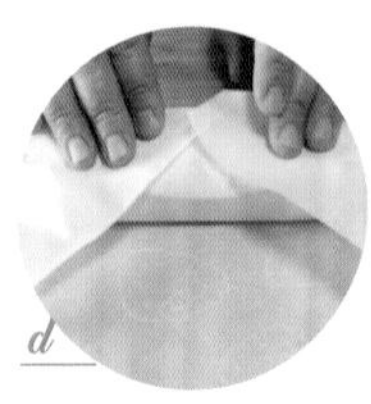

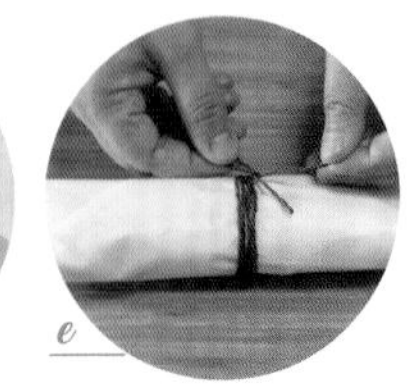

保存

三文治在室溫的情況下可保鮮 12 小時，所以最好能當天做當天吃。
如不能立即食用，可用保鮮紙將三文治整個包裹起來放入冰箱冷藏存放。

關於食材

蔬菜基底

選對蔬菜基底是沙律好吃與否的關鍵！

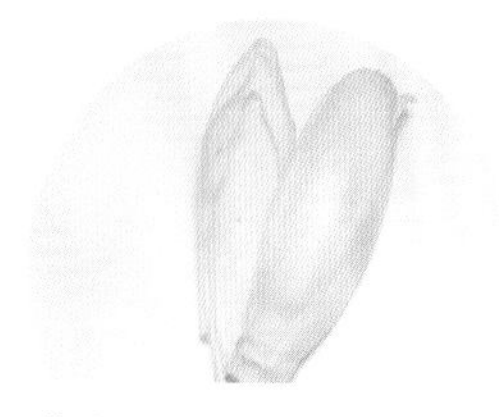

菊苣
不管是紅菊苣還是比利時菊苣，都是蔬菜中的「顏值擔當」！

苦菊
怪異的「長相」讓人印象深刻，能增加飽腹感，促進腸道蠕動。

生菜
西生菜、奶油生菜、羅馬生菜、松葉生菜……龐大的生菜家族，是沙律基底的主力軍！

芝麻菜
氣味特別的網紅沙律菜，有人就愛它的一絲苦味！

椰菜
切成細絲的椰菜，你會愛上它！

菠菜
大家熟識的菠菜其實也是沙律基底的常客。

蛋白質

無論是植物蛋白還是動物蛋白，能給我們提供能量的都是好蛋白！

雞肉
脂肪含量幾乎為零的雞肉，是沙律常用的材料，也是優質動物蛋白的來源。

牛肉
高蛋白低脂肪的牛肉，還含有豐富的鐵和肌氨酸。

魚
無論是淡水魚還是深海魚，都是優質的動物蛋白來源，多吃幾口也不會長胖！

蝦
鮮甜彈牙的蝦仁也是沙律中提供優質蛋白質的主力軍。

火腿

平價的火腿片，和「高級」的伊比利亞生火腿，你更愛哪個？

芝士

不要因為芝士熱量高就將它拒之門外，高營養的芝士能提供你一天的能量所需，適量攝入很有好處。

豆類

黃豆、芸豆、豆腐、豆干、黑豆……豆子都到碗裏來！

輔料

想要不一樣，就給沙律來點「天然調味品」！

溏心蛋

鹵製過的溏心蛋，帶着滿滿的幸福感。

做法

1. 將日式醬油、味醂、水按 1：1：3 的比例調製成醬汁，煮開後放涼。
2. 在奶鍋中放適量水，水量以沒過雞蛋為宜。
3. 大火燒至水沸騰後煮 4 分鐘後關火，繼續悶 2 分鐘。
4. 將煮好的雞蛋放入冰水中泡 15 分鐘。
5. 將雞蛋浸泡在醬汁中冷藏過夜，即可享用。

酸青瓜

俄式的、德式的、法式的，無論哪種酸青瓜，都是開胃佳品。

肉臊

只要一點點，就能讓沙律的口感瞬間得到提升！做法見第116頁【肉臊溏心蛋三文治】

藜麥

想要高顏值和好營養，怎麼能少得了藜麥的身影！做法見第26頁【煎牛扒沙律】

加點嚼勁

有了色彩和營養，當然也不能少了好口感。

堅果

腰果、杏仁、開心果、核桃……你要的營養它們都有。

穀物

燕麥、粟米片、黑米、小米……都是絕佳的主食替代品。

蜜餞

葡萄乾、紅莓乾、櫻桃乾……添點色彩，添點滋味。

加點色彩

俗語説「色香味俱佳」，這「色」既然擺在第一位，説明外觀對於沙律也是很重要的！

小番茄

酸酸甜甜的小番茄，綠的、紅的、黃的、黑的，色彩繽紛，看着就有食慾。

櫻桃蘿蔔

水嫩嫩的櫻桃蘿蔔，是高顏值的代名詞。

三色彩椒

維他命C含量爆表，沙律裏怎麼可以少了它？！

沙律醬 & 抹醬

沙律的靈魂、三文治的風味全在這點點滴滴的醬汁裏！

油醋汁

沙律醬汁裏最基礎的醬汁，不同的油醋比例會帶來不同的味覺體驗。

意式油醋汁

油醋汁的「開山鼻祖」，除了拌沙律外，拿來蘸麵包也很好吃。

材料

橄欖油 3 湯匙 | 紅酒醋 1 湯匙 | 蜂蜜 1 茶匙 | 現磨胡椒粉少許 | 鹽適量

做法

1. 紅酒醋、蜂蜜混合，加入現磨胡椒粉。
2. 倒入橄欖油攪拌均勻。
3. 撒入適量的鹽。
4. 用勺子快速攪拌至乳化。
5. 攪拌好後儘快食用。

1

2

3

4

5

要點

油醋的比例為 3：1，可根據個人喜好加適量的鹽。

用溫和的日式調味料調出的油醋汁口感清爽，配搭海鮮、蔬果食用滋味很美妙。

材料

植物油 2 湯匙 | 檸檬汁 1 湯匙 | 日式薄口醬油 1 湯匙 | 蒜泥 1 湯匙 | 熟芝麻適量

1

2

做法

1. 將所有材料混合攪拌。
2. 攪拌至乳化即可。

在經典的意式油醋汁的基礎上添加了蒜蓉，使這款醬汁風味更加濃烈。

材料

橄欖油 150 毫升 | 巴薩米克醋 50 毫升 | 大蒜 4 瓣 | 檸檬半個 | 鹽適量 | 現磨黑胡椒碎適量

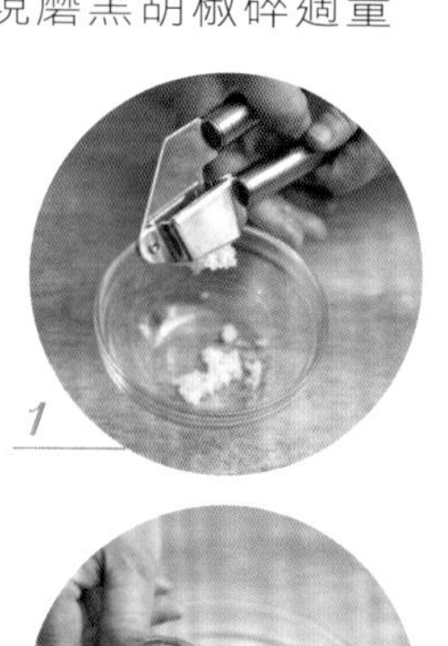

1

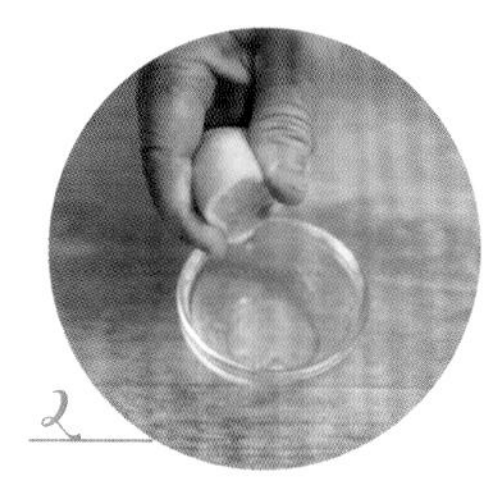

2

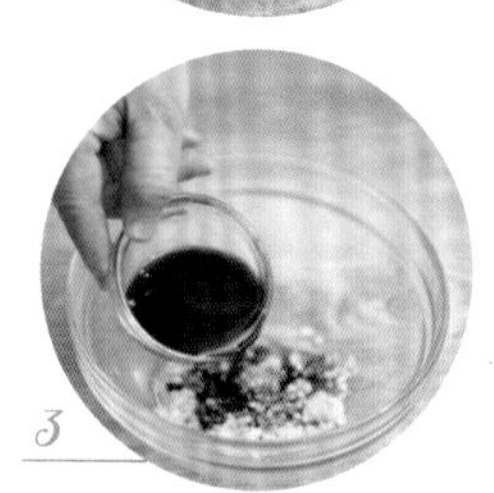

3

4

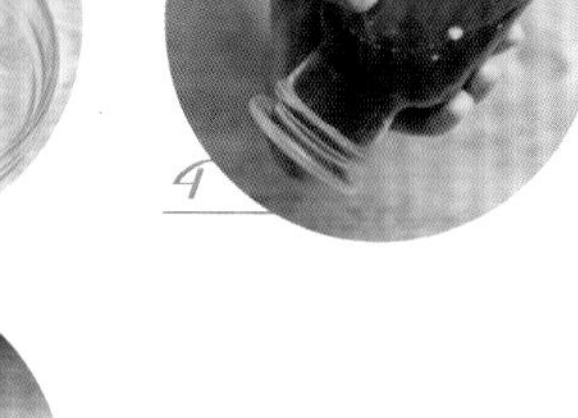

5

做法

1. 大蒜洗淨去皮，用壓蒜器壓成蒜蓉。
2. 半個檸檬榨汁備用。
3. 將巴薩米克醋與檸檬汁加入蒜蓉中，攪拌均勻。
4. 倒入橄欖油，用打蛋器攪拌均勻，或者放入密封杯中用力搖勻。
5. 根據個人口味加入適量的鹽和現磨黑胡椒碎調味即可。

蛋黃醬

最基礎的乳化沙律醬，配搭馬鈴薯和水果最適合。
如果家裏的雞蛋沒經過巴氏消毒，別輕易在家用生蛋黃製作蛋黃醬。

在蛋黃醬基礎上調製而成，凱撒沙律的標準醬汁。

材料

蛋黃醬 3 湯匙 | 檸檬汁 15 毫升 | 黃芥末 1 茶匙 | 辣醬油 1 茶匙 | 蒜泥 1 湯匙 | 罐頭鳳尾魚 3 條 | 帕馬森芝士（磨碎） 適量 | 洋葱末適量

做法

將蛋黃醬、黃芥末、檸檬汁、辣醬油、蒜泥、洋葱、鳳尾魚、帕馬森芝士依次放入食物料理機，打至順滑即可。

在蛋黃醬的基礎上，加入酸爽的番茄醬汁和酸青瓜碎粒，口味更加濃郁。

材料

蛋黃醬 300 毫升 |
番茄醬 100 毫升 |
俄式酸青瓜 3 根

做法

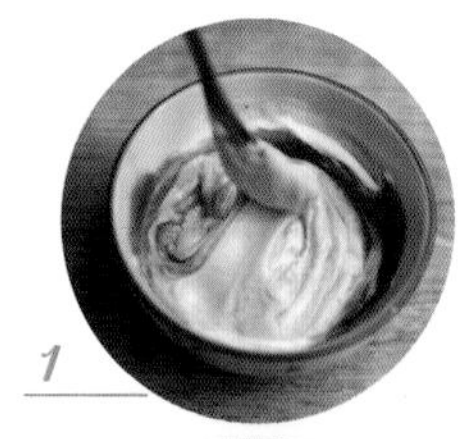
1

2

1. 將番茄醬倒入蛋黃醬中，攪拌均勻。
2. 將俄式酸青瓜切成碎丁，加入醬汁中拌勻即可。

輕甜的日式芝麻醬能突出食物的新鮮本味，最適合配搭蔬菜、豆腐等素食沙律。

材料

蛋黃醬 2 湯匙 | 芝麻醬 1 湯匙 | 白芝麻 2 茶匙 |
日式薄口醬油 1 茶匙 |
味醂 1 茶匙 | 醋 1 茶匙

做法

1. 將白芝麻放入鍋中，烘焙出香味後放涼。
2. 將所有調料攪拌均勻即可。

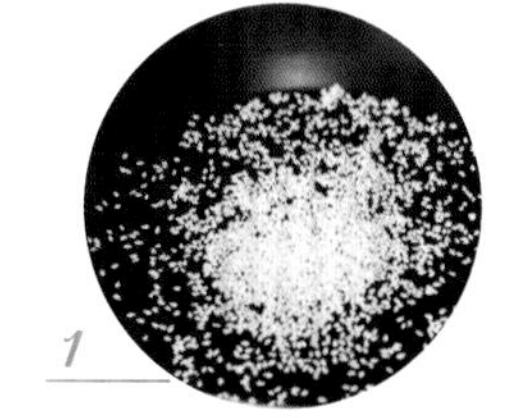
1

2

芥末醬

自帶強烈刺激屬性的芥末醬，能充分調動出食物的鮮味。

中西合璧的芥末甜味花生醬，融合了法式黃芥末醬、中式芝麻醬的雙重口感，並添加了大量的配料和調味品，口感非常豐富，雖然製作略為繁複，但用來配搭各種沙律都會立即使味道得到大幅的提升。

材料

松子仁 10 克 |
花生醬 3 湯匙 | 白醋 2 茶匙 |
蜂蜜 2 茶匙 | 檸檬汁 1 茶匙 |
芥末醬 2 茶匙 |
現磨黑胡椒碎 1/2 茶匙 |
大蒜 2 瓣 | 鹽少許

做法

1. 將松子仁放在平底鍋中，乾鍋炙香，盛出後碾碎。
2. 將大蒜拍鬆，去皮，然後切成碎末。
3. 將所有材料放在一起攪拌均勻。
4. 根據需求加入少許涼白開，調配好醬汁的黏稠度即可。

酸奶芥末醬用來配搭油炸類食物最適合不過了。

材料

希臘酸奶 3 湯匙 | 黃芥末醬 1 湯匙 | 檸檬汁 2 茶匙 | 現磨黑胡椒碎適量 | 番荽碎少許

做法

1. 將希臘酸奶、黃芥末醬、檸檬汁、番荽碎放入碗中，磨入黑胡椒碎。
2. 將所有調料混合攪拌均勻即可。

層次豐富的蜂蜜芥末醬適合配搭燒烤的肉食食用。

材料

蛋黃醬 2 湯匙 | 黃芥末醬 2 湯匙 | 蜂蜜 1 湯匙 | 檸檬汁 1 茶匙

做法

將所有調料混合攪拌均勻即可。

最傳統的意式醬料，濃郁的香草口味讓人齒頰留香，常用於製作意粉或沙律。

材料

鮮羅勒 200 克 | 番荽 50 克 | 松子仁 10 克 | 橄欖油 2 湯匙 | 蒜蓉 1 克 | 芝士粉 5 克 | 海鹽少許 | 黑胡椒碎少許

做法

1. 將鮮羅勒和番荽分別擇葉，洗淨。
2. 松子仁入焗爐 160℃烤 3 分鐘，取出放入小碗中。
3. 將所有材料放入料理機中攪打順滑。
4. 取出裝瓶，可冷藏保存兩周。

墨西哥風味的牛油果醬適合配搭粟米片或者做三文治抹醬。

材料

牛油果 1 個 | 洋葱 1/4 個（約 20 克）|
檸檬汁 10 毫升 | 番茄 1/2 個 | 現磨黑胡椒碎少許 | 鹽少許

做法

1. 牛油果去皮、去核、切丁。淋上檸檬汁防止牛油果氧化。
2. 番茄、洋葱洗淨，切丁。
3. 將一半牛油果放入攪拌機打勻。
4. 將打好的牛油果、番茄丁、洋葱丁及剩下的牛油果混合均勻，撒上適量的鹽和黑胡椒碎。

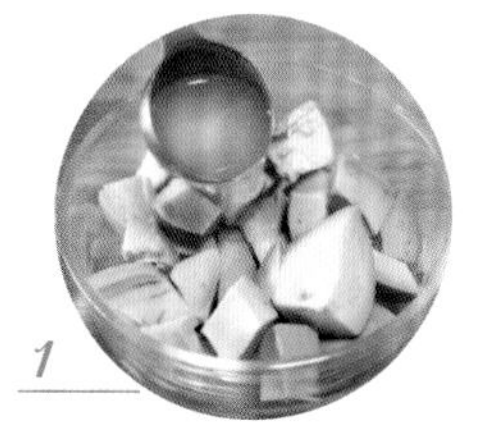

這款抹醬適合配搭全麥麵包食用。

材料

奶油芝士 50 克 | 帕馬森芝士 15 克 | 洋蔥 1/4 個（約 20 克）| 紅椒 1/4 個（約 10 克）| 羅勒碎適量 | 番荽碎適量 | 植物油適量

做法

1. 洋蔥、紅椒洗淨切末。
2. 平底鍋加熱，加入適量的植物油，將洋蔥丁和紅椒丁煸出香味。
3. 加入帕馬森芝士、羅勒碎和番荽碎。
4. 待帕馬森芝士稍稍融化後，加入奶油芝士，關火攪拌均勻即可。

1

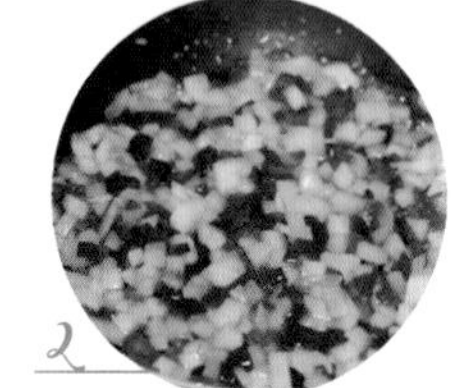
2

3

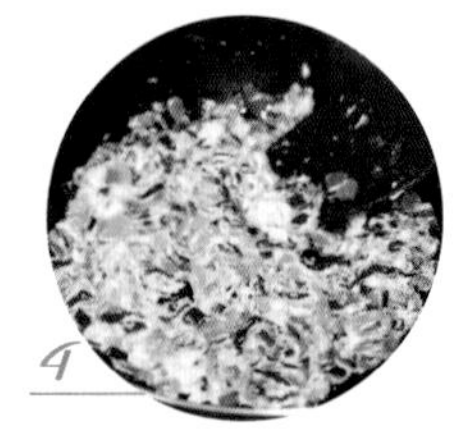
4

塔塔醬以蛋黃醬作底，加入酸青瓜，是海鮮、油炸食物的黃金搭檔。

材料

蛋黃醬 100 毫升 | 黃芥末醬 30 毫升 | 熟雞蛋 1 個 | 洋蔥 1/4 個（約 20 克）| 酸青瓜 15 克 | 羅勒碎 10 克 | 番荽碎 10 克 | 檸檬汁 10 毫升 | 現磨黑胡椒碎少許

1

2

3

做法

1. 熟雞蛋搗碎，洋蔥、酸青瓜切碎。
2. 將雞蛋碎、洋蔥碎、酸青瓜碎、羅勒碎和番荽碎混合均勻。
3. 倒入蛋黃醬、黃芥末醬以及檸檬汁、黑胡椒碎，攪拌均勻即可。

卡士達醬

甜甜的卡士達醬適合作為小茶點的抹醬擔當，適合與水果、堅果、朱古力配搭。

材料

低筋麵粉 15 克｜粟粉 15 克｜幼砂糖 25 克｜牛奶 250 毫升｜蛋黃 3 個｜無鹽牛油 35 克

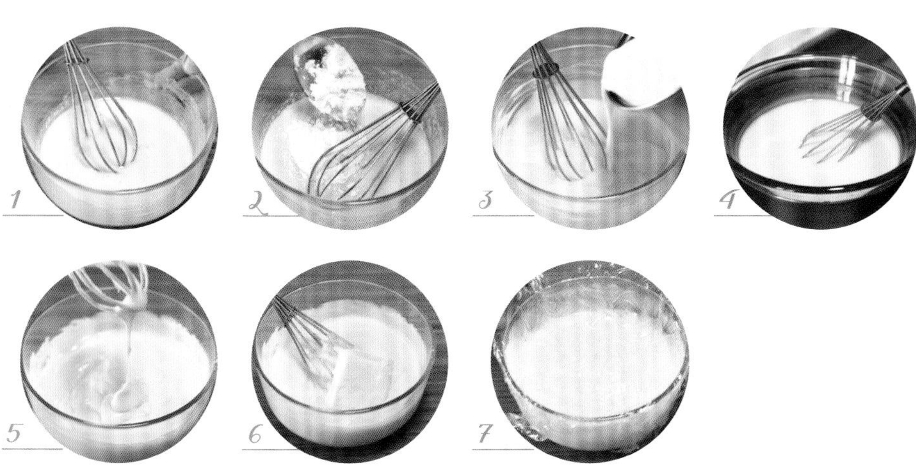

做法

1. 將蛋黃倒入打蛋盆中，加幼砂糖攪拌至發白。
2. 加入低筋麵粉和粟粉攪拌均勻。
3. 牛奶倒入奶鍋中加熱至沸騰，從高處緩緩倒入蛋黃糊中，用打蛋器攪拌均勻。
4. 將打蛋盆隔水小火加熱，同時不停地攪拌防止結塊。
5. 攪拌成濃稠的醬汁後關火。
6. 趁熱拌入牛油攪拌均勻。
7. 在卡士達醬表面覆蓋上保鮮紙，放入冰箱冷藏即可。

醬汁的保存

- 無論是哪種醬汁，最好現做現吃。
- 如果一次性做得很多，最好密封保存。淋上一層橄欖油或表面覆蓋上一層保鮮紙以隔絕空氣的進入。

三文治 + 沙律的配搭

一份沙律，一份三文治，怎麼配搭才能吃得飽還能吃得營養？

按食材配搭

全葷食、全素食，或者一葷一素的配搭，把你的糾結症解決在萌芽中！

如果你是個肉食主義者，那煎牛扒沙律＋法蘭克福香腸三文治的配搭一定是你的首選！

如果你是個素食主義者，雙色番茄沙律＋爽脆蓮藕三文治的配搭一定能滿足你的需求！

如果你偏愛海鮮，那推薦你選擇西柚扇貝沙律＋雜錦海鮮三文治的配搭。

按口味配搭

如果你喜歡某種風味，可以選擇同系列的三文治和沙律。

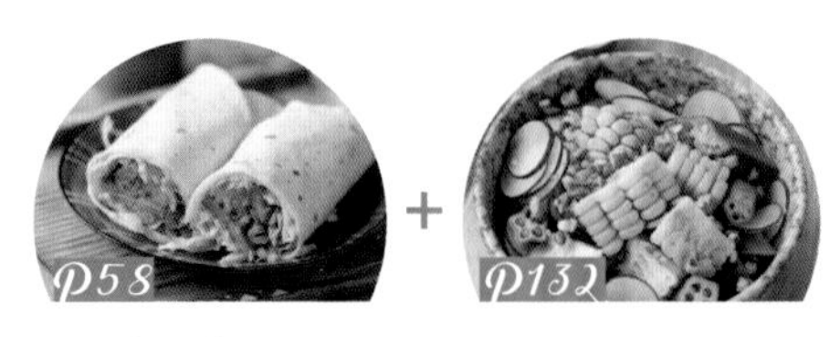

比如你喜歡日式和風口味的，你就可以選擇日式薑燒豬肉卷＋秋葵粟米沙律的配搭。

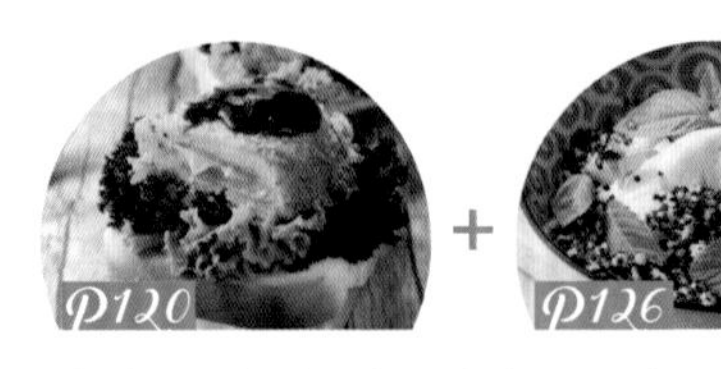

你也可以選擇重口味的三文治配搭清爽系的沙律，比如 BBQ 雞肉爆漿三文治＋菠蘿薄荷羅勒沙律。

當然你也可以甜鹹配搭：來份肉桂蘋果三文治配搭鮮蝦西蘭花水芹沙律。

按營養配搭

如果是正餐，當然是根據每日必需攝取的營養來進行葷素合理配搭！

具體公式：24% 的蔬菜 +10% 的肉類 +10% 的穀類 +15% 的水果 +2% 的堅果。
例如：酒漬櫻桃鴨胸沙律＋烤彩椒三文治

Chapter 1
肉類

煎牛扒沙律

45 分鐘　高級

特色

柔軟多汁的香煎牛扒，搭配繽紛的蔬菜，豐富的層次感，既滿足了我們的能量需求，也讓我們的眼睛享受了一頓大餐。

材料

肉眼牛扒 100 克 | 藜麥 10 克 |
芝麻菜 80 克 | 四季豆 6 根（約 50 克）|
迷你紅蘿蔔 6 根（約 100 克）

輔料

橄欖油適量 | 現磨黑胡椒碎適量 |
海鹽適量 | 意式油醋汁 20 毫升

索引

意式油醋汁 / 第 16 頁

烹飪秘笈

剛烤好的牛扒一定要醒幾分鐘，這樣做能讓牛扒充分吸收肉汁，肉不會變柴。

食材	參考熱量
肉眼牛扒 100 克	100 千卡
芝麻菜 80 克	20 千卡
迷你紅蘿蔔 100 克	32 千卡
藜麥 10 克	37 千卡
四季豆 50 克	16 千卡
意式油醋汁 20 毫升	12 千卡
合計	217 千卡

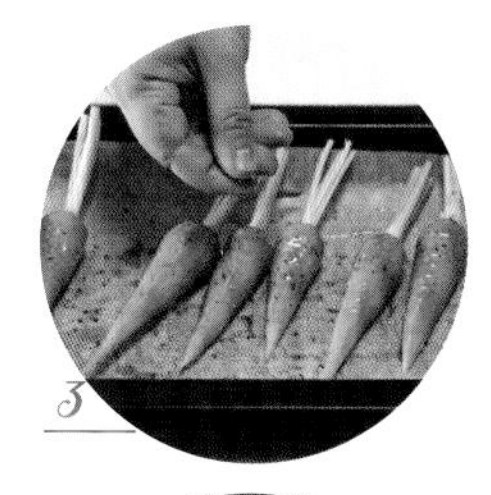

做法

1. 四季豆洗淨、掐去兩端，焯水備用。芝麻菜洗淨，瀝水備用。迷你紅蘿蔔洗淨，切掉適量的葉子；取一碗清水，將藜麥放在水中浸泡 10 分鐘。
2. 蒸鍋放入 500 毫升水燒開後，將泡過水的藜麥放入蒸鍋，蒸 15 分鐘後取出備用。
3. 迷你紅蘿蔔擺在烤盤上，淋上適量的橄欖油，撒上部分黑胡椒碎和海鹽，焗爐預熱 180℃烤 15 分鐘。
4. 牛扒於室溫下軟化，兩面抹上適量海鹽、黑胡椒碎，醃 15 分鐘。
5. 平底鍋加 1 湯匙橄欖油，燒熱後放入牛扒，單面煎上色後翻面，將牛扒煎到自己喜好的熟度。
6. 牛扒取出後醒 5 分鐘左右，切條。
7. 芝麻菜平鋪在盤底，擺上牛扒、熟藜麥、四季豆和迷你紅蘿蔔。
8. 淋上意式油醋汁即可。

營養貼士

牛肉富含蛋白質，其氨基酸的組成比豬肉更接近人體的需要，能提高機體的抗病能力。

增肌拍檔

蒜香多士牛扒沙律

30 分鐘　中等

特色

牛扒配上蒜香脆多士和意大利的芝麻菜，組成的沙律瞬間變得高級，給味蕾以五星級的享受。

烹飪秘笈

- 如果沒有這種即食牛扒，也可以用牛肉，切成小塊。搭配超市調味品區售買的黑椒汁即可。
- 洋葱切起來很辣眼，可以將洋葱提前放入冰箱，會一定程度減輕切開時釋放出的刺激氣味。

材料

多士 1 片（約 60 克）| 牛扒 1 塊（約 100 克）| 洋葱 1/2 個（約 40 克）| 芝麻菜 50 克

輔料

大蒜 3 瓣 | 牛油 20 克 | 鹽適量 | 黑椒汁 20 毫升

食材	參考熱量
多士 60 克	167 千卡
牛油 20 克	178 千卡
牛扒 100 克	100 千卡
芝麻菜 50 克	13 千卡
黑椒汁 20 毫升	26 千卡
洋葱 40 克	16 千卡
合計	500 千卡

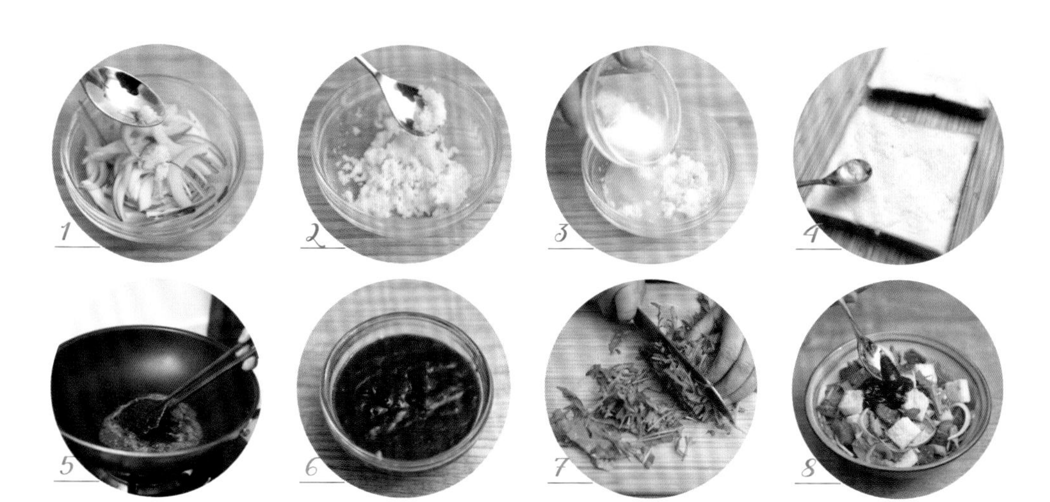

做法

1. 洋葱洗淨，切成細絲，加少許鹽醃漬備用。
2. 大蒜洗淨後用刀拍鬆，去皮後壓成蒜泥，加適量鹽調勻。
3. 牛油取一半量用微波爐中火加熱 10 秒鐘，化開成液體，加入蒜泥拌勻。
4. 焗爐 180℃預熱後，將牛油蒜泥塗抹在多士片上，放入焗爐上層烤 5 分鐘後關火，用餘溫繼續悶烤備用。
5. 炒鍋燒熱後加入剩餘的牛油，放入牛扒煎至個人喜好的程度，盛出稍微冷卻後切成適口的小塊。
6. 將牛扒配搭的黑椒汁放入鍋中加熱後關火備用。
7. 芝麻菜去根洗淨，切成小段。
8. 將烤好的多士切成適口的小塊，與洋葱絲、芝麻菜、牛扒塊一起放入沙律碗，淋上熬好的黑椒汁即可。

營養貼士

牛肉富含蛋白質、維他命 B 雜、鈣、磷、鐵等營養成分，可以滋養脾胃、強筋健骨。

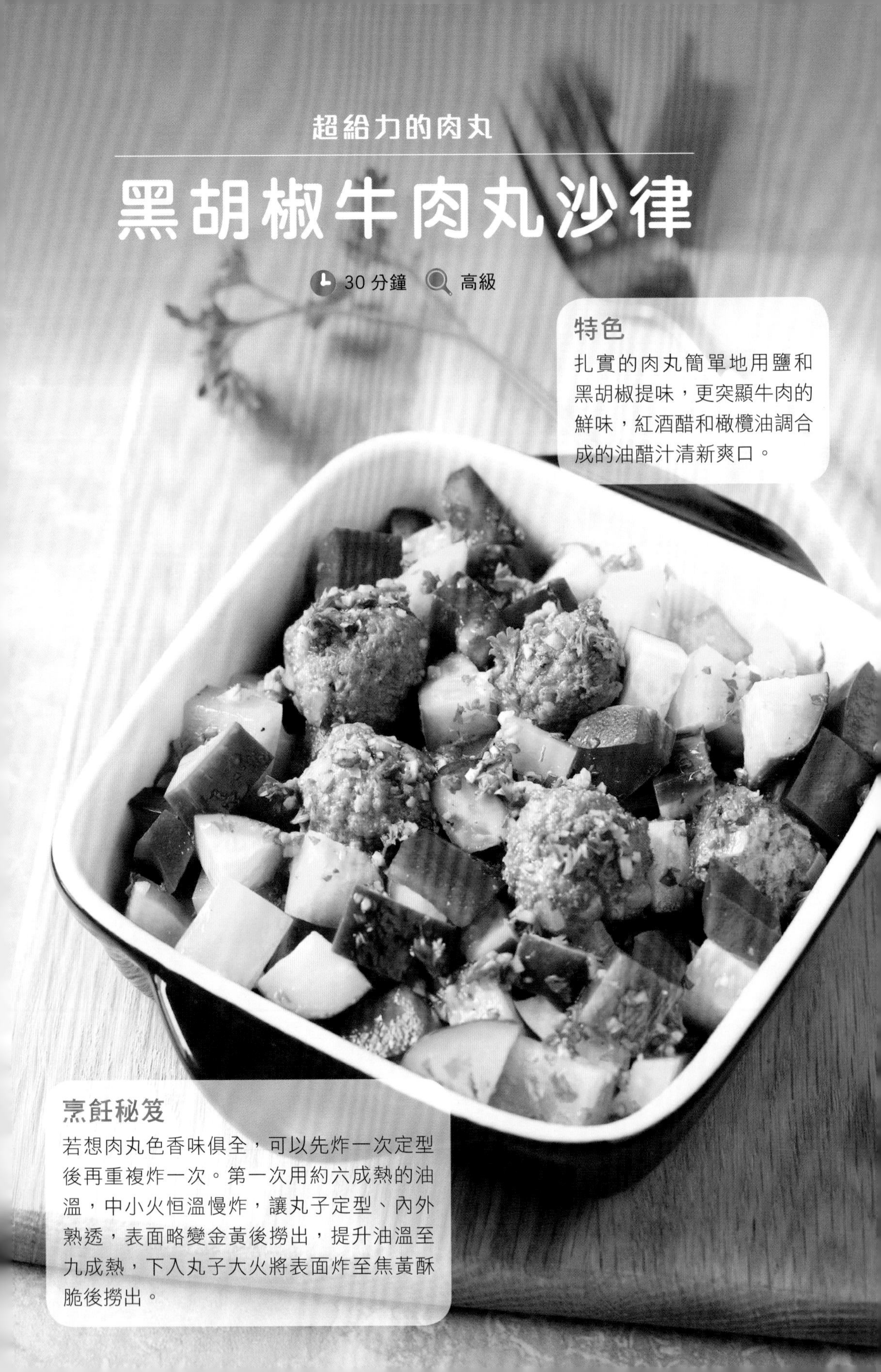

超給力的肉丸

黑胡椒牛肉丸沙律

30 分鐘　高級

特色

扎實的肉丸簡單地用鹽和黑胡椒提味，更突顯牛肉的鮮味，紅酒醋和橄欖油調合成的油醋汁清新爽口。

烹飪秘笈

若想肉丸色香味俱全，可以先炸一次定型後再重複炸一次。第一次用約六成熱的油溫，中小火恒溫慢炸，讓丸子定型、內外熟透，表面略變金黃後撈出，提升油溫至九成熱，下入丸子大火將表面炸至焦黃酥脆後撈出。

材料

牛肉碎200克 | 洋葱1/2個（約40克）|
紅甜椒 1/2 個（約 25 克）|
黃甜椒 1/2 個（約 25 克）|
青瓜 1 根（約 120 克）

輔料

雞蛋 1 個（約 50 克）| 鹽適量 | 蒜末 5 克 | 紅酒醋 100 毫升 | 現磨黑胡椒碎 5 克 | 橄欖油 5 毫升 | 番荽碎 5 克 | 白胡椒粉 1 茶匙

食材	參考熱量
牛肉碎 200 克	237 千卡
雞蛋 50 克	72 千卡
紅酒醋 100 毫升	19 千卡
洋葱 40 克	16 千卡
甜椒 50 克	13 千卡
青瓜 120 克	20 千卡
合計	377 千卡

做法

1. 紅甜椒和黃甜椒洗淨、切丁。青瓜洗淨、切丁。
2. 洋葱去皮、洗淨後，切成細末。
3. 平底鍋放入橄欖油，下入部分蒜末、洋葱末，煸炒出香味後盛出。
4. 牛肉碎放入盆中，磕入雞蛋，加入鹽和黑胡椒碎，向一個方向攪拌上勁。
5. 加入剩餘洋葱末及少許蒜末攪拌勻。
6. 鍋中放橄欖油燒熱，將牛肉餡擠成小丸子下入鍋中，小火炸熟後撈出晾涼。
7. 將紅酒醋、橄欖油、白胡椒粉、番荽碎、鹽和剩餘蒜末放入碗中混合均勻，製成紅酒油醋汁。
8. 紅甜椒丁、黃甜椒丁、青瓜丁和牛肉小丸子混合，淋上紅酒油醋汁拌勻即可。

營養貼士

生吃洋葱能預防感冒，同時洋葱還能幫助女性抑製自由基所造成的老化。

孜然羊肉
烤孢子甘藍沙律

35 分鐘　中等

特色

這是一道中菜西做的融合菜，地道的孜然羊肉配上烤得焦香四溢的孢子甘藍，讓人食慾大增。

材料

羊肉卷 100 克｜孢子甘藍 100 克｜
紅薯 1 個（約 120 克）｜白芝麻適量

輔料

植物油 10 毫升｜孜然粒適量｜
生抽 1 湯匙｜鹽 2 克｜料酒 1 湯匙｜
酸奶 30 毫升｜薑末 1 茶匙｜
蒜末 1 茶匙｜黑胡椒碎適量

烹飪秘笈

這道菜適用孜然粒調味，香味更加自然，如果沒有孜然粒也可用孜然粉代替。

食材	參考熱量
羊肉卷 100 克	230 千卡
孢子甘藍 100 克	36 千卡
紅薯 120 克	119 千卡
酸奶 30 毫升	22 千卡
合計	407 千卡

做法

1. 鍋內放入植物油燒熱，油溫在六成熱左右，放入薑末、蒜末爆香。
2. 放入羊肉卷翻炒，倒入料酒、生抽繼續翻炒均勻。
3. 出鍋前撒上孜然粒和白芝麻繼續翻炒均勻後盛出備用。
4. 孢子甘藍摘掉表面不乾淨或不新鮮的葉片後洗淨，對半切開。
5. 紅薯去皮、洗淨，切成比孢子甘藍略大一點的塊狀。
6. 將紅薯塊和孢子甘藍放入容器中，加入適量的植物油、鹽、黑胡椒碎攪拌均勻。
7. 將紅薯塊和孢子甘藍倒入烤盤中平鋪開，放入 180℃預熱好的焗爐烤 15 分鐘左右。
8. 將烤好的紅薯塊、孢子甘藍和孜然羊肉混合，淋上酸奶即可。

營養貼士

羊肉肉質細嫩，易消化，富含蛋白質和多種維他命，有助於促進血液循環，提高身體機能，增強抵抗力。

粟米筍生火腿沙律

15 分鐘　簡單

材料

生火腿片 30 克 | 粟米筍 15 克 |
苦菊葉 100 克 | 奇亞籽適量

輔料

意式油醋汁 20 毫升 | 帕馬森芝士 15 克 |
檸檬半個 | 橄欖油適量

特色

生火腿回香綿長，口感無與倫比，粟米筍色澤誘人，配上同樣醇厚的芝士，便是一道經典意式沙律。

烹飪秘笈

苦菊葉可替換成任何可生吃的沙律綠葉菜。

食材	參考熱量
生火腿片 30 克	44 千卡
粟米筍 15 克	2 千卡
苦菊葉 100 克	56 千卡
意式油醋汁 20 毫升	12 千卡
帕馬森芝士 15 克	59 千卡
合計	173 千卡

索引

意式油醋汁 / 第 16 頁

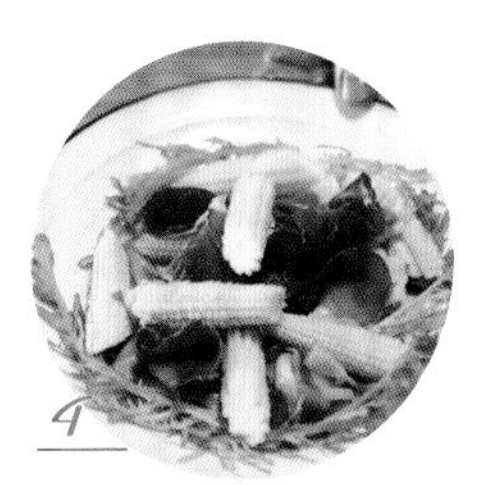
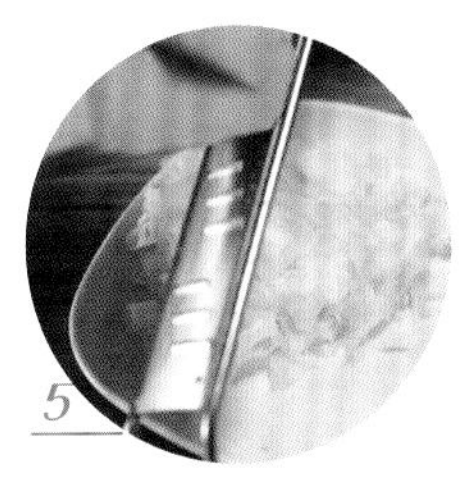

做法

1. 粟米筍剝皮、去鬚後洗淨，斜切成兩半。
2. 起鍋，放入 500 毫升水燒開後，將粟米筍焯熟備用。
3. 苦菊葉洗淨、瀝乾後，擠入少許檸檬汁和橄欖油調味。
4. 將苦菊葉平鋪在盤底，擺上生火腿片和粟米筍。
5. 用刨片器將帕馬森芝士刨成薄片。
6. 將帕馬森芝士片和奇亞籽撒在菜品上面。
7. 最後，淋上意式油醋汁即可。

營養貼士

粟米筍低糖高纖維，相同分量的粟米筍熱量僅為是粟米的 1/3，是維持體重很好的食物。

越式豬肉河粉沙律

20分鐘　簡單

特色

各種香草層疊出來的豐富味道，配合魚露的鮮以及檸檬的清香，既可作為前菜也能直接當作主食，讓你胃口大開。

材料

豬肉 50 克 | 洋葱 1/2 個（約 40 克）| 白蘿蔔 30 克 | 綠豆芽 20 克 | 河粉 100 克

輔料

小紅辣椒 5 克 | 九層塔適量 | 薄荷葉 6 片 | 檸檬半個 | 魚露 1 湯匙 | 生抽 1 湯匙 | 白糖 5 克 | 薑末 5 克 | 蒜末 5 克 | 植物油 1 湯匙 | 熟花生米碎 1 湯匙

烹飪秘笈

小紅辣椒的辣味較重，不太能吃辣的可將小紅辣椒換成紅甜椒。

食材	參考熱量
豬肉 50 克	72 千卡
洋葱 40 克	16 千卡
白蘿蔔 30 克	7 千卡
綠豆芽 20 克	4 千卡
河粉 100 克	220 千卡
合計	319 千卡

做法

1. 洋葱去皮、洗淨、切絲。白蘿蔔去皮、洗淨、切絲。綠豆芽洗淨後去根。豬肉洗淨、切片。小紅辣椒洗淨、切碎。
2. 白蘿蔔絲和綠豆芽焯水備用。
3. 鍋內放入 500 毫升的水燒開，放入河粉燙 7 分鐘後撈出，淋上植物油備用。
4. 起油鍋，倒入 1 湯匙植物油燒熱，放入洋葱炒出香味。
5. 放入豬肉片炒熟後盛出備用。
6. 將檸檬擠汁，倒入魚露、生抽、薑末、蒜末、白糖和小紅辣椒碎，混合成越南醬汁。
7. 將肉片、洋葱絲、白蘿蔔絲、綠豆芽、九層塔、薄荷葉、河粉以及調好的越南醬汁混合均勻後裝盆。
8. 撒上熟花生碎即可。

營養貼士

有便秘困擾的人可以經常吃些白蘿蔔，它能促進消化，幫助排出體內毒素。

韓式烤肉風味沙律

25 分鐘　中等

特色

肥瘦相間的五花肉經過煎烤，呈現如玉般溫潤的質感，而作為配料的泡菜更是把烤肉的魅力發揮到了極致。一口一片，讓無肉不歡的你得到充分的滿足。

材料

豬五花肉 100 克 | 紅蘿蔔 1 根（約 110 克）| 西生菜葉 6 片（約 20 克）| 韓國泡菜 20 克 | 青瓜 1 根（約 120 克）| 香菇 3 個（約 30 克）

輔料

韓式辣醬 2 湯匙 | 蜂蜜 2 湯匙 | 生抽 2 湯匙 | 白芝麻適量 | 大蒜 2 瓣 | 薑末 5 克 | 牛油 5 克 | 油適量

烹飪秘笈

醃五花肉時，可加入適量的韓國泡菜汁，能使五花肉的口感肥而不膩，格外香濃。

食材	參考熱量
豬五花肉 100 克	568 千卡
紅蘿蔔 110 克	43 千卡
西生菜葉 20 克	3 千卡
韓國泡菜 20 克	8 千卡
青瓜 120 克	20 千卡
香菇 30 克	8 千卡
合計	650 千卡

做法

1. 豬五花肉洗淨、切片。大蒜切片。西生菜葉洗淨，擦乾水分備用。
2. 將紅蘿蔔去皮、切絲。青瓜洗淨、切絲。韓國泡菜切碎。香菇洗淨、切片。
3. 將韓式辣醬、蜂蜜、生抽、大蒜、薑末、白芝麻混合成烤肉醬汁。
4. 把五花肉片放入容器裏，倒入烤肉醬汁，醃 10 分鐘。
5. 平底鍋燒熱後，放入牛油融化，放入五花肉煎至單面變色後翻面，至兩面焦黃後盛出備用。
6. 起油鍋，放 1 湯匙油燒熱後，將紅蘿蔔絲、青瓜絲和香菇片混合炒熟，盛出備用。
7. 將烤好的五花肉、所有蔬菜絲、韓國泡菜混合均勻。
8. 裝入西生菜葉內即可。

營養貼士

泡菜含有豐富的乳酸菌和維他命，既能提供充足的營養，又能降低膽固醇，防止動脈硬化。

偶爾放縱一下

糖醋裏脊糙米沙律

50 分鐘　高級

特色

把高熱量的糖醋裏脊做成沙律，搭配健康的糙米和蔬菜，特別滿足食慾，也特別適合減脂時期食用。

烹飪秘笈

- 裏脊肉可以提前放入冰箱下層半小時左右，會更加好切。
- 沒有蓮藕的季節，可以替換為其他自己喜歡的蔬菜，例如洋葱、西芹、馬鈴薯等。

材料

熟糙米飯 100 克 | 裏脊肉 100 克 | 蓮藕 100 克 | 椰菜 50 克

輔料

花生油 500 克（實用 20 克左右）| 麵粉 30 克 | 雞蛋 1 個（約 50 克）| 蛋黃醬 20 毫升 | 糖醋汁 20 毫升 | 料酒 1 茶匙 | 鹽少許 | 烘焙脫皮白芝麻少許

食材	參考熱量
熟糙米飯 100 克	111 千卡
裏脊肉 100 克	155 千卡
蓮藕 100 克	73 千卡
椰菜 50 克	12 千卡
花生油 20 克	180 千卡
麵粉 30 克	105 千卡
雞蛋 50 克	72 千卡
蛋黃醬 20 毫升	145 千卡
糖醋汁 20 毫升	105 千卡
合計	958 千卡

做法

1. 糙米淘洗乾淨，提前浸泡 2 小時後，放入電飯鍋，加 2 倍水，蒸熟。
2. 裏脊切成小塊，加 1 茶匙料酒，醃漬片刻。
3. 蓮藕去頭，削皮，切成與裏脊同樣大小的塊，放入沸水中，中小火煮 3 分鐘撈出，瀝乾水分備用。
4. 椰菜洗淨，切成細絲。盛出 100 克糙米飯，攤開晾涼。
5. 將麵粉和雞蛋加少許鹽調成蛋糊，將切好的裏脊塊放入，裹滿蛋糊。
6. 花生油燒至七成熱，放入裹好蛋糊的裏脊塊，小火炸至金黃色撈出，用廚房紙巾吸去多餘的油分，備用。
7. 將糖醋汁倒入燒熱的炒鍋，熬到濃稠即可關火。放入炸好的裏脊和煮好的藕丁，翻勻後撒上少許烘焙脫皮白芝麻。
8. 在糙米飯上鋪滿椰菜絲，再將糖醋裏脊藕丁倒在最上層，擠上蛋黃醬即可。

營養貼士

蓮藕的營養價值很高，富含鐵、鈣等礦物質，植物蛋白質、維他命以及澱粉含量也很豐富，常食有增強人體免疫力的作用。

鹹甜混合的好味

楓糖煙肉沙律撻

20 分鐘　簡單

材料

煙肉 3 片（約 60 克）| 馬鈴薯 2 個（約 400 克）| 撻皮 6 個（約 60 克）

輔料

楓糖漿 10 毫升 | 凱撒醬 20 毫升 | 羅勒適量

特色

加拿大特有的楓糖漿配搭被煎得焦香酥脆的煙肉，無論是作為營養早餐還是正餐前的前菜小食都十分合適。

烹飪秘笈

楓糖煙肉丁可一次多做一點，存入密封罐中備用。

食材	參考熱量
煙肉 60 克	108 千卡
馬鈴薯 400 克	308 千卡
凱撒醬 20 毫升	56 千卡
楓糖漿 10 毫升	26 千卡
撻皮 60 克	241 千卡
合計	739 千卡

索引

凱撒醬 / 第 18 頁

做法

1. 馬鈴薯洗淨，煮熟，壓成蓉備用。羅勒洗淨，切碎備用。
2. 撻皮用叉子戳幾個洞，焗爐預熱 180℃。
3. 將撻皮放入焗爐，烤 10 分鐘後取出，放涼備用。
4. 煙肉切丁，放入平底鍋內煎至香脆。
5. 出鍋前倒入楓糖漿翻炒均勻。
6. 將薯蓉、楓糖煙肉丁和凱撒醬混合攪拌均勻。
7. 用勺子將沙律填入撻皮裏。
8. 表面裝飾上羅勒碎即可。

營養貼士

楓糖漿氣味芬芳，含有豐富的礦物質，熱量比一般的蔗糖低得多，適合配搭鬆餅、煙肉食用。

香腸通心粉沙律

25分鐘　簡單

特色

香腸通心粉是最簡單的意式菜餚，葷素配搭合理，同時還添加了合桃仁，配合清爽的日式油醋汁，口感極佳。

材料

香腸 1 根（約 75 克）| 通心粉 50 克 | 紅甜椒 1/2 個（約 25 克）| 合桃仁 10 克 | 黑橄欖 5 個（約 10 克）

輔料

蒔蘿 10 克 | 鹽適量 | 日式油醋汁 30 毫升

索引

日式油醋汁 / 第 17 頁

烹飪秘笈

通心粉可選擇管狀麵、螺旋麵或蝴蝶麵。

食材	參考熱量
香腸 75 克	381 千卡
通心粉 50 克	180 千卡
紅甜椒 25 克	6 千卡
合桃仁 10 克	78 千卡
黑橄欖 10 克	18 千卡
日式油醋汁 30 毫升	55 千卡
合計	718 千卡

做法

1. 紅甜椒洗淨、切丁。黑橄欖切片。蒔蘿切碎。
2. 焗爐預熱 180℃，將合桃仁放入焗爐中，烤 5 分鐘後取出，放涼，掰碎。
3. 香腸洗淨、切片，上鍋蒸 5 分鐘後放涼備用。
4. 鍋內放入 500 毫升的水，燒開後加 5 克鹽。
5. 放入通心粉煮 9 分鐘，關火悶 5 分鐘後，撈出過涼水備用。
6. 將香腸片、通心粉、紅甜椒丁、黑橄欖、熟合桃仁碎混合攪拌均勻。
7. 將日式油醋汁淋在拌好的沙律上。
8. 撒上蒔蘿碎即可。

營養貼士

黑橄欖的維他命 C 含量很高，約是蘋果的 10 倍，同時紅甜椒也含有豐富的維他命 C，可以提升免疫力。

不油膩的肉菜

焦糖洋葱牛肉帕尼尼

30 分鐘　中等

特色

切細的洋葱煎出焦糖色後去除了原有的澀味，獨獨留下洋葱特有的清甜，大大降低了牛肉的油膩感。

材料

牛裏脊100克 | 洋葱1個（約80克）| 番茄1個（約165克）| 生菜葉2片（約5克）| 帕尼尼麵包2個（約150克）

輔料

烤肉醬1湯匙 | 橄欖油10毫升 | 紅糖2茶匙 | 鹽5克 | 料酒適量 | 生粉適量 | 蜂蜜芥末醬20毫升

索引

蜂蜜芥末醬 / 第20頁

烹飪秘笈

沒有帕尼尼麵包也可用普通的多士或法式長麵包代替。

食材	參考熱量
牛裏脊 100 克	107 千卡
洋葱 80 克	32 千卡
番茄 165 克	33 千卡
生菜葉 5 克	1 千卡
帕尼尼麵包 150 克	178 千卡
蜂蜜芥末醬 20 毫升	32 千卡
合計	383 千卡

做法

1. 洋葱洗淨、去皮、切絲。番茄洗淨、切片。生菜葉洗淨備用。帕尼尼麵包切開。
2. 牛裏脊洗淨、切片，加料酒、生粉，醃製15分鐘。
3. 平底鍋燒熱，倒入適量橄欖油，放洋葱絲煸炒。
4. 炒至洋葱變焦糖色後，加適量紅糖、鹽繼續翻炒，盛出備用。
5. 另起鍋燒熱，倒入適量橄欖油，放入肉片煸炒至變色，加1湯匙烤肉醬繼續翻炒。
6. 加適量水，收汁後盛出。
7. 帕尼尼機預熱後，放入帕尼尼麵包，單面烤出焦痕後翻面，直到兩面焦黃，盛出。
8. 在帕尼尼麵包裏依次裝入生菜葉、番茄片、焦糖洋葱、牛肉片，淋上蜂蜜芥末醬即可。

營養貼士

帕尼尼麵包含有大量的麥麩，其中含有豐富的膳食纖維和維他命，有促進代謝的功能。

巧用多餘肉餡

咖喱牛肉碎三文治

20 分鐘　簡單

特色

利用家裏多餘的肉餡，就可以做出一款葷素搭配完美的三文治。

材料

牛肉碎100克 | 洋葱1/2個（約40克）| 馬鈴薯 1 個（約 200 克）| 紅蘿蔔 1 根（約 110 克）| 口袋麵包 2 個（約 200 克）

輔料

咖喱塊 30 克 | 橄欖油 2 湯匙 | 大蒜 2 瓣 | 薑末 5 克

烹飪秘笈

使用現成調過味的咖喱塊更方便新手操作，喜歡吃辣的可改用辣度較高的咖喱塊。

食材	參考熱量
牛肉碎 100 克	119 千卡
洋葱 40 克	16 千卡
馬鈴薯 200 克	154 千卡
紅蘿蔔 110 克	43 千卡
咖喱塊 30 克	162 千卡
口袋麵包 200 克	512 千卡
合計	1006 千卡

做法

1. 洋葱、馬鈴薯、紅蘿蔔丁分別去皮、洗淨、切丁。大蒜去皮、壓成細末。
2. 鍋內放入 500 毫升的水燒開，放入馬鈴薯丁和紅蘿蔔汆熟後撈出，備用。
3. 平底鍋燒熱，倒入 1 湯匙橄欖油，放入牛肉碎煸熟後盛出。
4. 另起油鍋，倒入 1 湯匙橄欖油，放入洋葱丁、蒜末、薑末煸炒，至洋葱丁變透明。
5. 放入牛肉碎、馬鈴薯丁和紅蘿蔔丁繼續煸炒出香味。
6. 放入咖喱塊，加涼水至沒過肉碎，煮開後轉中火。
7. 煮至水收乾後盛出。
8. 口袋麵包對半切開，填入咖喱肉碎即可。

營養貼士

咖喱中所含的薑黃素可促進唾液和胃液的分泌，幫助消化。

簡單快手餐

火腿芝士三文治

10分鐘 簡單

材料

火腿 1 片（約 30 克）| 雞蛋 1 個（約50克）| 芝士片 3 片（約 30 克）| 多士 2 片（約 120 克）

輔料

牛油 20 克 | 番荽碎適量

特色

簡單的材料，簡單的做法，只要 10 分鐘，完美的早餐送上！

烹飪秘笈

沒有焗爐，也可將三文治放入平底鍋中烘烤。

食材	參考熱量
火腿 30 克	35 千卡
雞蛋 50 克	72 千卡
芝士片 30 克	98 千卡
多士 120 克	333 千卡
牛油 20 克	178 千卡
合計	716 千卡

做法

1. 雞蛋磕在碗裏，打成雞蛋液。1 片芝士撕碎。
2. 多士浸入蛋液裏，確保兩面蘸滿。
3. 平底鍋開中火，放入牛油融化，放入多士。
4. 單面煎至焦黃後翻面，直至兩面都煎黃盛出。
5. 在多士上依次放上芝士片、火腿，最後蓋上另一片多士。
6. 焗爐預熱 200℃，三文治表面撒上芝士碎後放入焗爐烤 10 分鐘。
7. 取出後，將三文治切成兩半。
8. 撒上番荽碎即可。

營養貼士

如果選用低脂芝士片，這也是一道不錯的健康減肥餐。

法蘭克福香腸三文治

25 分鐘　簡單

材料

法蘭克福香腸 1 根（約 20 克）|
酸青瓜 1 根（約 10 克）| 芝士絲 15 克 |
全麥多士 2 片（約 70 克）

輔料

燒烤醬 30 毫升

特色

被烘烤得焦香的香腸，配上十分解膩的酸青瓜，便是經典的德式三文治。如果你喜歡吃香腸就一定不要錯過。

烹飪秘笈

沒有三文治爐，也可放入焗爐中或平底鍋中烘烤。

食材	參考熱量
法蘭克福香腸 20 克	56 千卡
酸青瓜 10 克	0 千卡
燒烤醬 30 毫升	53 千卡
全麥多士 70 克	176 千卡
芝士絲 15 克	49 千卡
合計	334 千卡

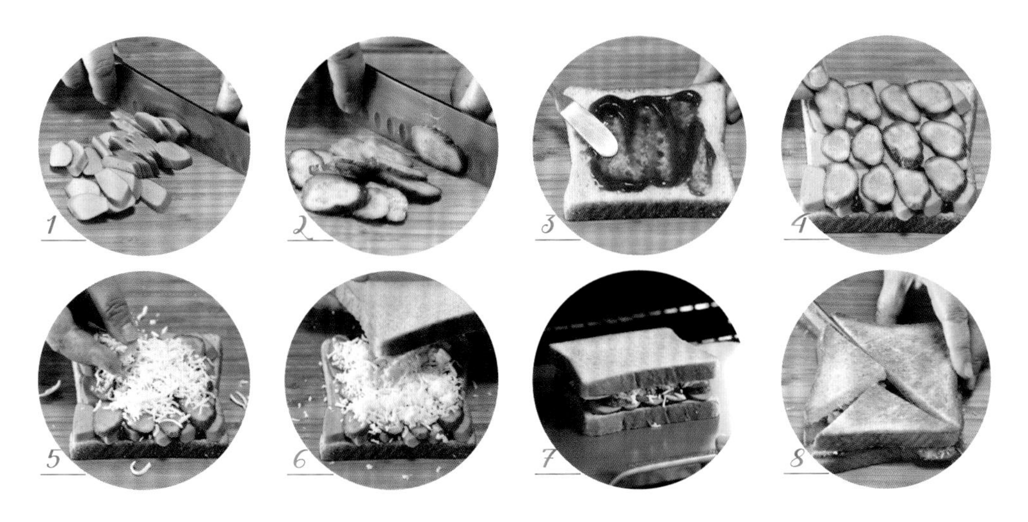

做法

1. 將法蘭克福香腸斜切成片。
2. 酸青瓜切片。
3. 取一片多士，均勻地抹上燒烤醬。
4. 依次鋪上香腸片、酸青瓜片。
5. 撒上芝士絲。
6. 蓋上另一片多士。
7. 放入三文治爐烘烤 15 分鐘。
8. 取出後對角切成四份即可。

營養貼士

全麥麵包富含膳食纖維，有很強的飽腹感，比普通麵包更飽。

花工夫才有肉吃

蜜汁手撕豬肉三文治

3小時 高級

特色

這是一道需要提前一天準備的美食。醃得十分入味的五花肉，用手工撕成條，蘸上獨門特製的醬汁，咬上一口，讓你獲得極大的滿足感。

材料

豬五花肉150克｜蘑菇5個（約30克）｜德國酸菜30克｜多士4片（約240克）

輔料

料酒2湯匙｜薑片2片｜花椒1茶匙｜紅椒粉1湯匙｜大蒜粉1茶匙｜香葉2片｜五香粉適量｜蜂蜜2湯匙｜老抽2湯匙｜蠔油1湯匙｜白芝麻2茶匙｜鹽適量｜油適量

烹飪秘笈

- 五花肉可提前一天醃製，不僅可以節約烹飪時間，而且豬肉會更入味。
- 酸菜可以中和豬肉的油膩。

食材	參考熱量
豬五花肉 150 克	852 千卡
德國酸菜 30 克	12 千卡
蘑菇 30 克	7 千卡
多士 240 克	667 千卡
合計	1538 千卡

做法

1. 蘑菇洗淨、切片。
2. 平底鍋燒熱，倒上適量油，放入蘑菇片煸炒，出鍋前撒上適量鹽，翻炒均勻後盛出。
3. 豬五花肉洗淨，放適量鹽、香葉、紅椒粉、料酒、薑片、花椒，塗抹均勻。
4. 取一容器，倒入五香粉、蜂蜜、老抽、蠔油、大蒜粉、白芝麻，混合調勻成蜜汁。放入五花肉，冷藏醃製2小時。
5. 焗爐預熱200℃，揀去五花肉上的香料，抹適量油，放入焗爐烤20分鐘。
6. 取出翻面，刷上蜜汁，繼續烤20分鐘，再翻面刷蜜汁，烤10分鐘，最後再翻面，刷剩餘的所有蜜汁。
7. 戴手套將烤好的豬肉撕成細絲。
8. 取1片多士，依次放上德國酸菜，蘑菇片和蜜汁豬肉絲即可。

營養貼士

五花肉富含動物蛋白，適量食用可補充每日所需蛋白質，對於健身減肥人士來說是很容易滿足食慾的食品。

多士新吃法

英式鬆餅三文治

20 分鐘 簡單

材料

雞蛋 2 個（約 100 克）|
火腿 2 片（約 60 克）| 牛奶 100 毫升 |
多士 2 片（約 120 克）

輔料

番茄醬 20 毫升 | 現磨黑胡椒碎 5 克 |
鹽少許 | 牛油 20 克 | 麵粉 1 湯匙

特色

雞蛋、火腿、多士，用簡單的食材換個做法，讓你吃出花樣來。

烹飪秘笈

可選擇較小的雞蛋，雞蛋較大時，可去掉部分蛋白。

食材	參考熱量
雞蛋 100 克	144 千卡
火腿 60 克	70 千卡
牛奶 100 毫升	54 千卡
多士 120 克	333 千卡
番茄醬 20 毫升	17 千卡
牛油 20 克	178 千卡
合計	796 千卡

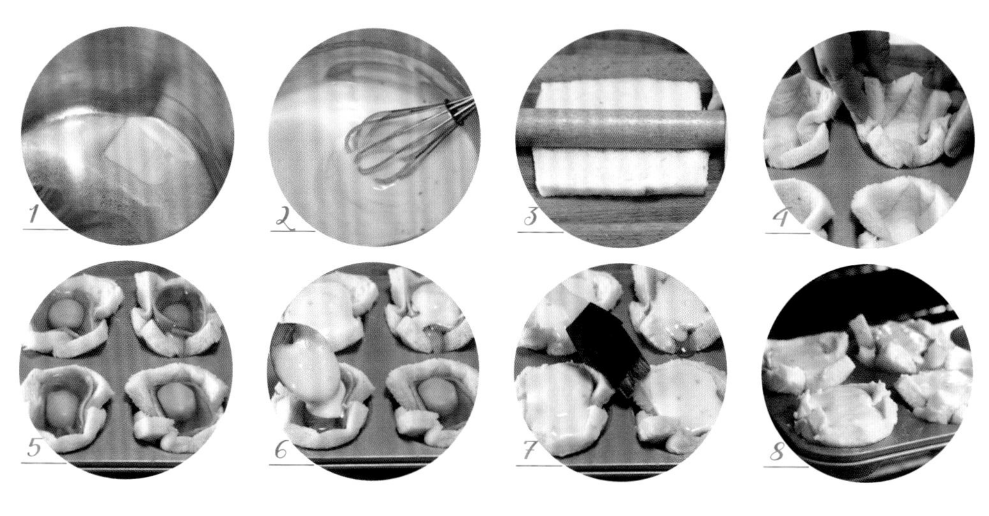

做法

1. 奶鍋開中火燒熱，放入牛油融化，取其中的 1/3 備用。
2. 在剩餘的牛油裏放入麵粉、黑胡椒碎、鹽、牛奶，用打蛋器攪拌均勻，待醬汁變濃稠後，盛出放涼。
3. 多士切邊，用擀麵杖擀薄，厚度約為原來厚度的一半。
4. 多士兩面刷上之前融化的牛油，塞進鬆餅模具裏。
5. 多士片裏放入火腿片，打入雞蛋。
6. 每個多士杯裏澆上 1 湯匙醬汁。
7. 在多士邊緣刷上融化的牛油。
8. 焗爐預熱 180℃，放入鬆餅杯，烤 15 分鐘，出爐後淋上番茄醬即可。

營養貼士

牛奶中所含的鈣質易被人體吸收，同時還能補充皮膚中流失的水分和蛋白質，能有效抗老化。

日式薑燒豬肉卷

30 分鐘　中等

材料

梅花肉 100 克 | 生薑 20 克 |
包心菜 2 片（約 10 克）| 綠豆芽 15 克 |
蘋果蓉 20 克 | 卷餅 1 塊（約 45 克）

輔料

生抽 4 茶匙 | 味醂 4 茶匙 | 清酒 4 茶匙 | 鹽少許 | 白砂糖 2 茶匙 | 葱末 2 茶匙 | 薑末適量 | 油適量

特色

這是日式經典家常菜生薑燒的升級版，為了去除豬肉的腥味，使用了大量的薑，強烈的味覺碰撞下產生的當然是最好的味道。

烹飪秘笈

沒有味醂可用白砂糖代替，沒有清酒可用白葡萄酒代替。

食材	參考熱量
梅花肉 100 克	155 千卡
生薑 20 克	9 千卡
包心菜 10 克	3 千卡
綠豆芽 15 克	3 千卡
蘋果蓉 20 克	11 千卡
卷餅 45 克	133 千卡
合計	314 千卡

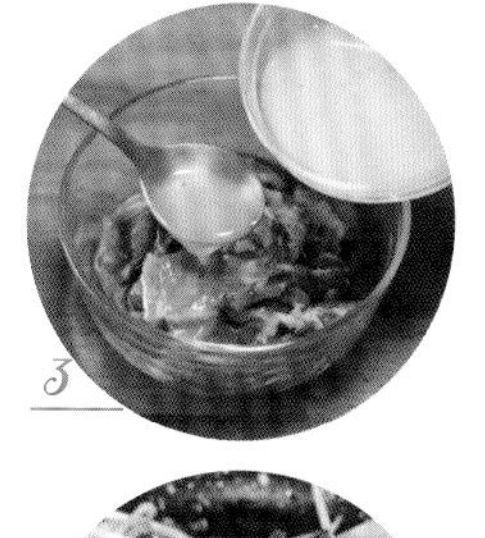

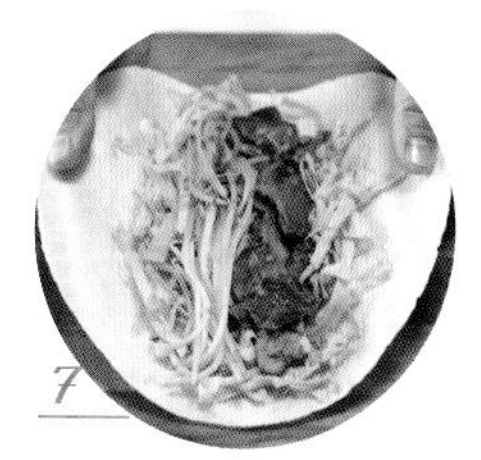

做法

1. 梅花肉洗淨、切片；包心菜洗淨、切絲；綠豆芽洗淨。
2. 生薑洗淨後去皮，榨成薑汁。
3. 將生薑汁、味醂、清酒調成醃汁，放入肉片醃 30 分鐘。
4. 取一容器，放入生抽、白砂糖、鹽、蘋果蓉、葱末、薑末，混合調勻成醬汁。
5. 平底鍋抹上薄薄的一層油後開中火燒熱，放入肉片慢煎。
6. 等兩面煎出淡淡的色澤後，倒入調好的醬汁和綠豆芽繼續煎，等肉片煎熟，豆芽變軟後盛出。
7. 平鋪卷餅，放入薑燒肉片、豆芽和包心菜後，捲成卷餅即可。

營養貼士

生薑中的薑黃素可以防止老化，女性經常吃薑可以防衰老。

材料

熱狗腸 1 根（約 100 克）|
熱狗麵包 1 個（約 50 克）

輔料

香葉 2 片 | 鹽 1 茶匙 |
現磨黑胡椒碎 1 茶匙 | 番茄醬 10 毫升 |
蜂蜜芥末醬 10 毫升

食材	參考熱量
熱狗腸 100 克	307 千卡
熱狗麵包 50 克	135 千卡
番茄醬 10 毫升	8 千卡
蜂蜜芥末醬 10 毫升	16 千卡
合計	466 千卡

特色

去過宜家的朋友，有誰沒試過宜家的招牌小食——瑞典熱狗？超簡單的做法，帶來熟悉的滋味。

索引

蜂蜜芥末醬 / 第 20 頁

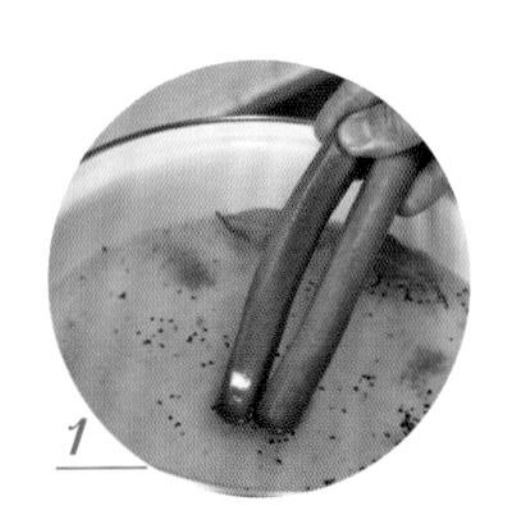
1

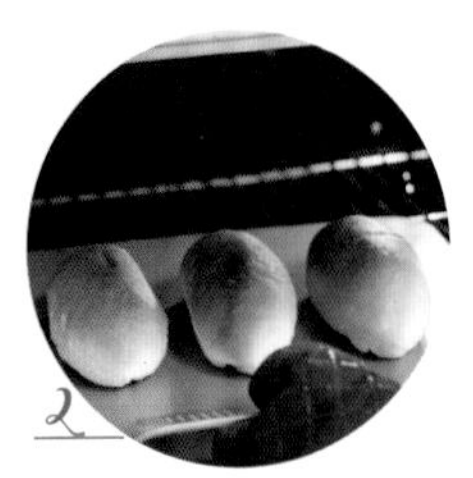
2

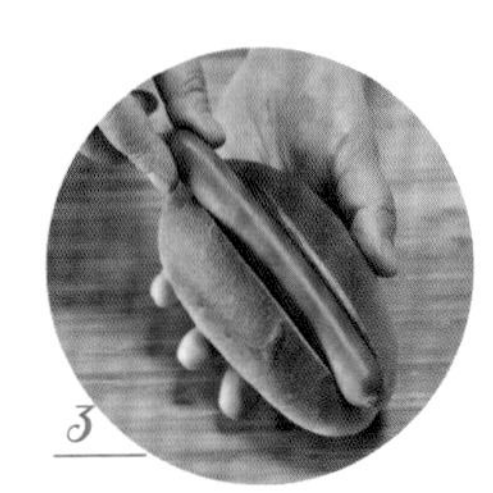
3

4

做法

1. 鍋內放入 500 毫升的水，放入香葉、鹽、黑胡椒碎。
2. 水煮開後放入熱狗腸，小火煮 10 分鐘盛出並瀝乾水分。圖 1
3. 麵包放烘焗爐烤 5 分鐘。圖 2
4. 將麵包切開。
5. 夾入煮好的熱狗腸。圖 3
6. 淋上番茄醬和蜂蜜芥末醬即可。圖 4

烹飪秘笈

市售的熱狗腸可分成若干份放入冰箱冷凍保存，每次取其中一份出來烹飪，且冷凍的熱狗腸無須解凍，可直接入鍋煮。

Chapter 2

魚、蝦、海鮮類

合理配搭助減肥

燕麥紫菜吞拿魚沙律

35 分鐘　簡單

特色

鮮美的吞拿魚蓉，鹹香的烤紫菜，脆嫩的紅蘿蔔絲，有了它們，平淡的煮燕麥也變得豐盛起來。

材料

燕麥 30 克 | 水浸吞拿魚 80 克 |
即食烤紫菜 10 克 | 紅蘿蔔 50 克 |
芝麻菜 30 克 | 秋葵 50 克

輔料

蛋黃醬 20 毫升 | 鹽少許

烹飪秘笈

秋葵最有營養的就是它黏黏的汁液，所以燙秋葵時千萬不能切開汆燙，以防營養流失。正確的操作方法是整棵燙熟後再進行切分。

食材	參考熱量
燕麥 30 克	113 千卡
水浸吞拿魚 80 克	79 千卡
即食烤紫菜 10 克	29 千卡
紅蘿蔔 50 克	20 千卡
芝麻菜 30 克	8 千卡
秋葵 50 克	23 千卡
蛋黃醬 20 毫升	145 千卡
合計	417 千卡

索引

蛋黃醬 / 第 18 頁

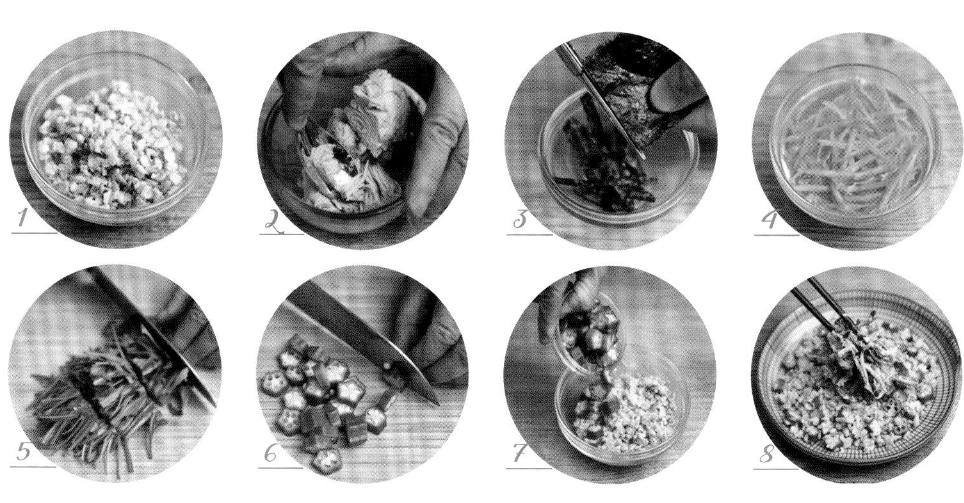

做法

1. 將燕麥片洗淨，放入沸水中，小火熬煮 20 分鐘左右，撈出，瀝乾水分備用。
2. 吞拿魚罐頭瀝出汁水，魚肉用勺子搗碎。
3. 烤紫菜用剪刀剪成細條。
4. 紅蘿蔔洗淨，用刨絲器刨成細絲，放入純淨水中浸泡備用。
5. 芝麻菜去根、去老葉，洗淨，撕開後切成 3 厘米左右的段。
6. 秋葵洗淨、去蒂，放入煮沸的淡鹽水中汆燙 1 分鐘，撈出晾涼，切成 0.5 厘米厚的片。
7. 將燕麥和秋葵拌勻，放入盤中鋪平。
8. 將吞拿魚和紅蘿蔔絲以及芝麻菜放入沙律碗，加蛋黃醬拌勻後倒在秋葵燕麥上，點綴少許紫菜絲。

營養貼士

燕麥加吞拿魚，這是粗糧與優質蛋白質的超贊搭配，不僅飽腹、提供充足能量，同時也不用擔心長胖。

低脂明星菜

吞拿魚藜麥沙律

35 分鐘　簡單

材料

水浸吞拿魚罐頭 1 個（約 180 克）｜藜麥 30 克｜白芸豆（罐裝）15 克｜酸櫻桃乾 10 克｜青瓜半根（約 60 克）｜櫻桃小番茄少量

輔料

現磨黑胡椒碎少許｜日式油醋汁 30 毫升

食材	參考熱量
水浸吞拿魚罐頭 180 克	178 千卡
藜麥 30 克	110 千卡
白芸豆 15 克	10 千卡
酸櫻桃乾 10 克	35 千卡
青瓜 60 克	10 千卡
日式油醋汁 30 毫升	55 千卡
合計	398 千卡

特色

富含蛋白質的吞拿魚，吃到飽還能瘦下來的藜麥，配搭在一起就成了我們減肥期間的最佳主食。

1

2

3

4

做法

1. 蒸鍋放入 500 毫升水燒開後，將藜麥放入蒸鍋，蒸 15 分鐘後取出備用。
2. 白芸豆瀝乾水分備用。櫻桃小番茄洗淨，對半切開。青瓜洗淨、切片。打開吞拿魚罐頭，瀝乾水分備用。取一沙律碗，將藜麥、吞拿魚、芸豆、青瓜依次放在盤中。
3. 撒上酸櫻桃乾和黑胡椒碎。
4. 淋上日式油醋汁即可。

營養貼士

藜麥能提供優質的植物蛋白，可以幫素食者補充每天所需的蛋白質。

烹飪秘笈

如果改用乾芸豆，需要提前一天泡發。泡發芸豆時水一定要多，並且吃多少泡多少。

吃飽又吃好

巴沙魚馬鈴薯沙律

40 分鐘 簡單

材料

巴沙魚 150 克 | 馬鈴薯 1 個（約 200 克）| 櫻桃蘿蔔 2 個（約 10 克）

輔料

鹽少許 | 橄欖油適量 | 日式芝麻醬 30 毫升 | 番荽碎少許

食材	參考熱量
巴沙魚 150 克	102 千卡
馬鈴薯 200 克	154 千卡
日式芝麻醬 30 毫升	70 千卡
櫻桃蘿蔔 10 克	2 千卡
合計	328 千卡

特色

這道沙律有點像清爽版的炸魚薯條，但採取了相對健康的嫩煎方式，再配合清爽的日式芝麻醬，飽腹的同時還不怕長胖。

索引

日式芝麻醬 / 第 19 頁

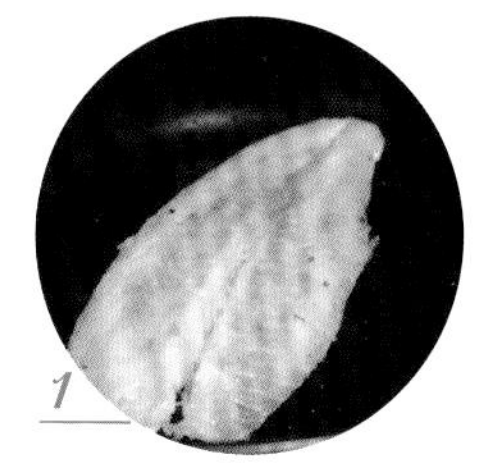

做法

1. 巴沙魚用廚房紙巾吸乾水分，用鹽抹勻。櫻桃蘿蔔洗淨、切薄片。馬鈴薯洗淨、去皮、切塊。取平底鍋加熱，倒入少許橄欖油，放入巴沙魚，雙面煎至焦黃後盛出。將巴沙魚塊切成條狀備用。
2. 起鍋加 500 毫升水，燒開後放入馬鈴薯塊，小火煮 10 分鐘左右撈出，瀝水備用。
3. 將巴沙魚條、馬鈴薯塊、櫻桃蘿蔔片放入容器中。
4. 淋上日式芝麻醬，撒上番荽碎即可。

營養貼士

巴沙魚的蛋白質含量很高，但脂肪含量很少，是理想的減脂食物之一。

烹飪秘笈

櫻桃蘿蔔洗淨後也可以生食，喜歡爽脆口感的人可直接切片食用。

三文魚秋葵沙律

30 分鐘　中等

特色

上籠清蒸後的三文魚肥而不膩，焯水後的秋葵鮮綠欲滴，用來調味的昆布給這道沙律帶來一絲獨有的甘甜。

材料

三文魚 100 克 | 秋葵 100 克 |
昆布 10 克

輔料

檸檬汁少許 | 鹽少許 | 味醂 1 湯匙 |
生抽 2 湯匙 | 白砂糖 1 湯匙 |
醋 2 湯匙 | 熟白芝麻 1 茶匙

烹飪秘笈

煮昆布的湯水不要扔掉，放點蔬菜煮一下，就是一道很好喝的昆布蔬菜湯。

食材	參考熱量
三文魚 100 克	139 千卡
秋葵 100 克	45 千卡
昆布 10 克	9 千卡
合計	193 千卡

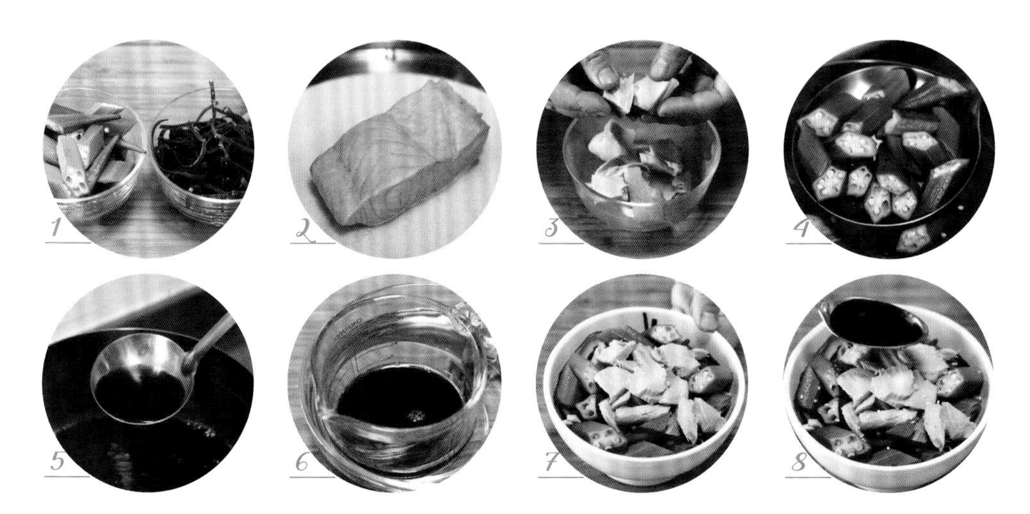

做法

1. 昆布提前用冷水泡發，將泡發好的昆布切成細絲。秋葵斜切成段。
2. 三文魚淋上檸檬汁，並用少許鹽抹勻，上籠蒸 8 分鐘後取出。
3. 等三文魚略冷卻後，用手撕成小塊備用。
4. 起鍋加 500 毫升水，燒開後放入秋葵段和昆布絲，小火煮 5 分鐘左右撈出，瀝水備用。
5. 取一個奶鍋，倒入味醂、生抽、白砂糖和 100 毫升水加熱，待糖溶解後倒入醋，關火。
6. 將醬汁移到隔了冰水的碗中冷卻。
7. 將三文魚塊、秋葵、昆布絲放入碗中。
8. 撒上熟白芝麻後，淋上冷卻好的醬汁即可。

營養貼士

常吃秋葵可以防止便秘，但腸胃不適的人最好少吃秋葵，以免引起腹瀉。

烤番茄鳳尾魚鮮橙沙律

40 分鐘　簡單

材料

鳳尾魚罐頭 1 個（約 180 克）| 橙子 1 個（約 200 克）| 各色番茄共 100 克

輔料

現磨黑胡椒碎 5 克 | 鹽少許 | 檸檬汁 2 毫升 | 橄欖油 1 湯匙

食材	參考熱量
鳳尾魚罐頭 180 克	753 千卡
橙子 200 克	96 千卡
番茄 100 克	20 千卡
合計	869 千卡

特色

番茄和鮮橙為我們提供了多種維他命，特別是維他命 C 含量豐富，有助於提高免疫力。而酥香的鳳尾魚則為這道沙律增添了不一樣的口感。

1

2

3

4

做法

1. 番茄洗淨。橙子去皮，切成小塊。打開鳳尾魚罐頭，取出鳳尾魚，用手將魚肉撕碎備用。
2. 將番茄用廚房紙巾吸乾水分，均勻地碼入烤盤裏。在番茄上撒上鹽、黑胡椒碎和橄欖油。
3. 焗爐預熱 200℃，將烤盤放入焗爐，烤 15 分鐘。取出烤盤翻拌一次，繼續烤 15 分鐘，直到番茄表皮開裂即可。
4. 將烤好的番茄、鳳尾魚和鮮橙丁裝入容器中，淋入檸檬汁即可。

營養貼士

夏天紫外線強烈，經常吃番茄可以防止皮膚變黑老化，同時還能排出體內毒素。

烹飪秘笈

市面上有各種不同風味的魚類罐頭，均可替換本菜中的鳳尾魚罐頭，不同味道的魚罐頭會給菜品帶來不一樣的風味，比如吞拿魚罐頭、茄汁沙丁魚罐頭、鯖魚罐頭、鯡魚罐頭等。

鮮嫩爽脆

鮮蝦西蘭花水芹沙律

20 分鐘　簡單

材料

鮮蝦 10 個（約 90 克）| 西蘭花半個（約 150 克）| 水芹 50 克 | 蘋果半個（約 80 克）

輔料

檸檬汁少許 | 橄欖油 1 湯匙 | 酸奶芥末醬 30 毫升

食材	參考熱量
鮮蝦 90 克	91 千卡
西蘭花 150 克	53 千卡
水芹 50 克	7 千卡
蘋果 80 克	43 千卡
酸奶芥末醬 30 毫升	12 千卡
合計	206 千卡

特色

簡單的焯水，最大程度保留了鮮蝦的嫩滑彈牙和西蘭花、水芹的清爽翠綠，而用檸檬汁醃過的蘋果丁為這道沙律增添了水果的清香。

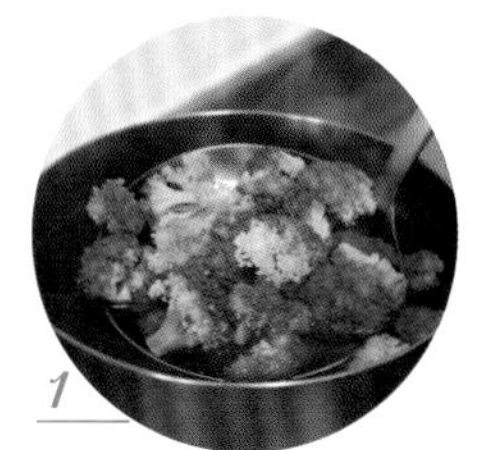
1

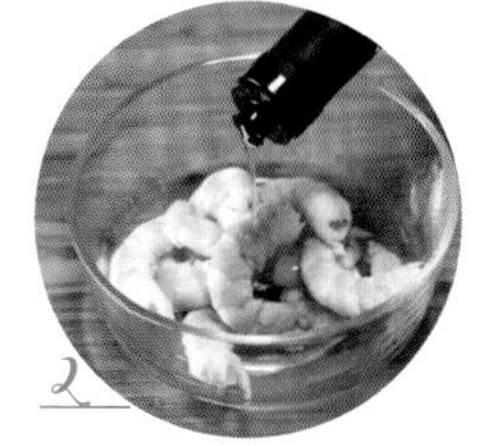
2

3

4

做法

1. 西蘭花洗淨、切塊。蘋果洗淨、切丁。水芹洗淨後切成段。蘋果丁加檸檬汁略醃一下。起鍋加 500 毫升水，燒開後放入西蘭花塊和水芹段，小火煮 5 分鐘左右撈出，瀝水備用。
2. 起鍋加 500 毫升水，燒開後放入鮮蝦，小火煮 5 分鐘左右撈出，瀝水備用。鮮蝦冷卻後剝去頭和殼，淋上適量的橄欖油備用。
3. 取一容器，將所有食材碼入盤中。
4. 淋上酸奶芥末醬即可。

營養貼士

臉上有色斑或者皮膚偏黑的人，經常吃西蘭花可以淡化色斑，讓皮膚更白。

烹飪秘笈

切好的蘋果丁用少許檸檬汁醃一下，可防止蘋果氧化變色。

索引

酸奶芥末醬 / 第 20 頁

邂逅大海

紅蝦牛油果沙律

材料

阿根廷紅蝦 50 克 | 牛油果 1 個（約 200 克）| 黑橄欖 2 個（約 5 克）| 芝麻菜 30 克 | 生菜 30 克

輔料

鹽 5 克 | 橄欖油 10 毫升 | 凱撒醬 30 毫升 | 檸檬汁少許

特色

聲名遠播的阿根黑橄欖廷紅蝦為你帶來難忘的大海的味道，富含植物脂肪的牛油果於醇厚中又不失清爽。

烹飪秘笈

選擇牛油果時，一要眼看：成熟的牛油果表皮顏色較黑；二是手捏：手感稍稍變軟，說明這個牛油果已處於最佳食用階段。

食材	參考熱量
阿根廷紅蝦 50 克	50 千卡
牛油果 200 克	322 千卡
黑橄欖 5 克	9 千卡
生菜 30 克	5 千卡
芝麻菜 30 克	8 千卡
凱撒醬 30 毫升	83 千卡
合計	477 千卡

做法

1. 阿根廷紅蝦洗淨。黑橄欖去核、切片。
2. 牛油果對半切開，去皮、去核後切成小塊。
3. 芝麻菜、生菜洗淨後瀝乾水分備用。
4. 起鍋，加 500 毫升水，燒開後放入紅蝦，小火煮 5 分鐘左右撈出。
5. 加入純淨水中浸涼，瀝水備用。
6. 取一小碗，放入牛油果塊和紅蝦，淋上檸檬汁、橄欖油，撒上鹽後拌勻。
7. 將芝麻菜、生菜碼在深盤中，將牛油果塊和紅蝦碼在菜上。
8. 撒上黑橄欖片後，淋上凱撒醬即可。

營養貼士

牛油果含豐富的葉酸，孕婦經常食用可促進胎兒健康發育。

索引

凱撒醬 / 第 18 頁

橙紅色的誘惑

西柚扇貝沙律

30 分鐘　中等

材料

西柚半個（約200克）| 扇貝肉8個（約60克）| 豆芽30克 | 四季豆30克

輔料

鹽少許 | 橄欖油適量 | 日式油醋汁30毫升 | 油少許

特色

橙紅色的西柚、乳白的扇貝肉和豆芽，還有綠色的四季豆，匯合在一起，奏響和諧的樂章。

烹飪秘笈

煎扇貝前用廚房紙巾吸乾淨扇貝肉的水分。另外，煎扇貝肉要用中火，煎的同時可以輕輕晃動鍋底，方便扇貝肉成熟。

食材	參考熱量
西柚200克	63千卡
扇貝肉60克	34千卡
豆芽30克	6千卡
四季豆30克	9千卡
日式油醋汁30毫升	55千卡
合計	167千卡

索引

日式油醋汁／第17頁

做法

1. 扇貝肉用廚房紙巾吸乾水分，用鹽抹勻。
2. 西柚去皮，用手剝成西柚粒備用。
3. 豆芽洗淨後去根。四季豆洗淨，掐掉筋備用。
4. 起鍋，加500毫升水，燒開後放入豆芽、四季豆，小火煮熟後瀝水，四季豆切段備用。
5. 取平底鍋加熱，倒入少許橄欖油，將扇貝肉呈圓形放入，雙面煎至金黃後盛出。
6. 取一容器，放入豆芽和四季豆，倒入日式油醋汁後拌勻。
7. 將拌好的菜放在盤子上，上面放上扇貝肉。
8. 放上西柚粒即可。

營養貼士

扇貝高蛋白低熱量，富含鈣、鐵、鋅等礦物質元素，其豐富的維他命E能延緩皮膚衰老，抑制黑色素沉着，養顏護膚。

荷塘月色

秋葵蓮藕墨魚卷沙律

30 分鐘 中等

材料

墨魚 100 克 | 秋葵 30 克 | 蓮藕 30 克

輔料

紅味噌 2 湯匙 | 味醂 1 湯匙 |
白砂糖 1 湯匙 | 熟花生碎 2 茶匙

特色

帶來雙重爽脆感受的秋葵和蓮藕，配合肥厚的墨魚卷，再淋上清爽的日式醬汁，便成就一道完美的夏日開胃菜。

烹飪秘笈

從顏色來分，味噌有白味噌和紅味噌之分，前者口味稍淡一些，後者口味更濃郁。喜歡口味清淡的人可以將菜譜中的紅味噌替換成白味噌。

食材	參考熱量
墨魚 100 克	83 千卡
秋葵 30 克	14 千卡
蓮藕 30 克	22 千卡
合計	119 千卡

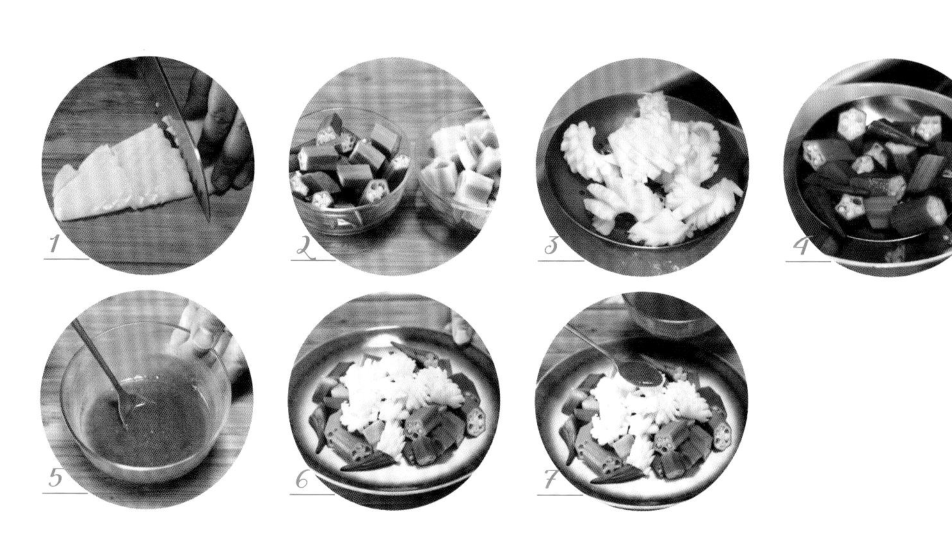

做法

1. 墨魚洗淨，切片後改花刀。
2. 秋葵洗淨、切塊。蓮藕洗淨、去皮、切塊。
3. 起鍋，加 500 毫升水燒開後，放入墨魚片，小火煮 3 分鐘後盛出。
4. 另起鍋，加 500 毫升水燒開後，放入秋葵和蓮藕塊，小火煮 8 分鐘後瀝水備用。
5. 取一個奶鍋，倒入味醂、紅味噌、白砂糖和 50 毫升水加熱，中火煮至糖溶解後關火。
6. 將墨魚卷、秋葵塊、蓮藕塊裝入容器中。
7. 撒上熟花生碎，淋上醬汁即可。

營養貼士

墨魚是一種高蛋白低脂肪的食物，女性在經期前後或生產前後都可食用墨魚來補充營養。

濃郁的意式優雅風

意式海鮮沙律

20 分鐘　簡單

特色

意大利是與法國並駕齊驅的歐洲美食之國。中世紀，很多經典的菜式和甜品通過皇室聯姻經由意大利傳入法國。意大利人對於菜譜或信手拈來，或精心配搭，總能虜獲饕客們的心。這款融合蔬菜、海鮮和堅果的沙律，口感極其豐富，充滿了濃郁的意大利風情。

材料

大蝦 8 隻（約 70 克）｜扇貝肉 50 克｜魷魚圈 6 個（約 30 克）｜牛油果半個（約 100 克）｜櫻桃小番茄 8 顆（約 145 克）｜雞蛋 1 個（約 50 克）

輔料

葉生菜半棵（約 100 克）｜芝麻菜 50 克｜夏夷果 20 克｜現磨黑胡椒碎適量｜檸檬汁少許｜意式油醋汁 20 毫升

烹飪秘笈

烹煮海鮮時切忌時間過長，否則肉質老化影響口感。

烹飪秘笈

烹煮海鮮時切忌時間過長，否則肉質老化影響口感。

食材	參考熱量
蝦 70 克	73 千卡
扇貝肉 50 克	30 千卡
魷魚圈 30 克	23 千卡
牛油果 100 克	161 千卡
櫻桃小番茄 145 克	36 千卡
雞蛋 50 克	72 千卡
葉生菜 100 克	16 千卡
芝麻菜 50 克	13 千卡
夏夷果 20 克	147 千卡
意式油醋汁 20 毫升	12 千卡
合計	583 千卡

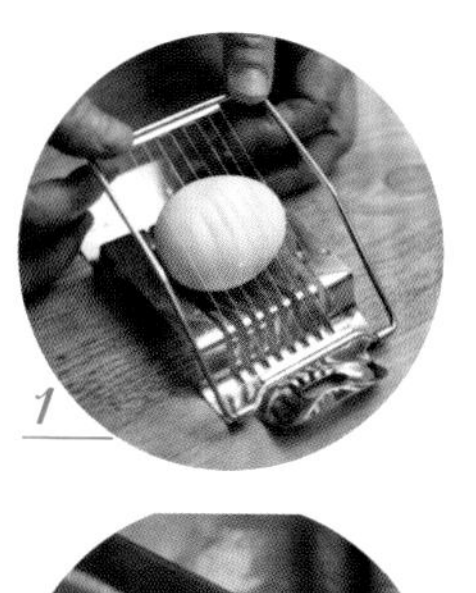

做法

1. 雞蛋煮熟過涼水，剝殼後切成薄片。
2. 大蝦去頭、去殼、留尾，剔除蝦線。
3. 將大蝦、扇貝肉和魷魚圈放入滾水中煮 1 分鐘，撈出，瀝乾水分後擠上檸檬汁翻勻。
4. 夏威夷果用切碎機切成稍大的碎粒。
5. 將半顆牛油果切成 1 厘米見方的小塊。
6. 櫻桃小番茄洗淨、去蒂，對半切開。芝麻菜和生菜洗淨，撕成小片。
7. 將上述除夏威夷果以外的所有食材拌勻，撒上意式油醋汁和現磨黑胡椒碎。
8. 最後點綴撒上夏威夷果碎即可。

營養貼士

海鮮味道鮮美，熱量又低，富含不飽和脂肪酸，對心腦血管疾病有重要的食療效果。據聞因紐特人幾乎從不得心腦血管病，就與他們大量食用海產品有關。

春意盎然

蟹肉棒蘆筍三文治

15 分鐘　簡單

材料

蟹肉棒50克｜蘆筍2根（約120克）｜番茄1個（約165克）｜多士2片（約120克）

輔料

橄欖油少許｜蛋黃醬20毫升｜鹽1茶匙｜黑胡椒適量

特色

別看蟹肉棒是即食的方便食物，只要加點小心思，一樣也能成為既有顏值又營養的便當主角。

索引

蛋黃醬／第18頁

烹飪秘笈

蘆筍很容易變老，所以要儘快吃掉。如要保存，則不要清洗，用濕紙巾包住蘆筍根部，放進保鮮袋，直立放入冰箱冷藏，以防止水分流失。

食材	參考熱量
蟹肉棒50克	46千卡
蘆筍120克	26千卡
番茄165克	33千卡
多士120克	333千卡
蛋黃醬20毫升	145千卡
合計	583千卡

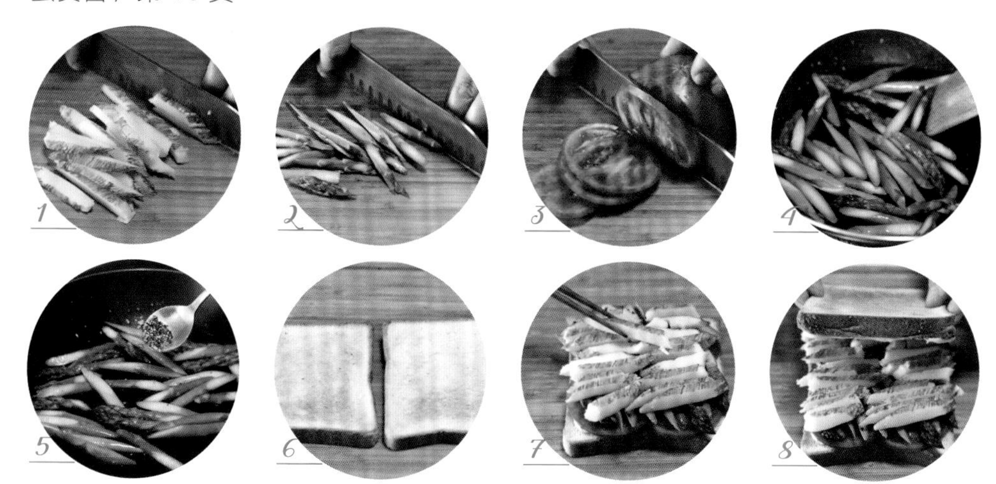

做法

1. 蟹肉棒斜切成片。
2. 蘆筍洗淨，斜切成段。
3. 番茄洗淨，切成片。
4. 取平底鍋加熱，倒入少許橄欖油，放入蘆筍段煎熟。
5. 蘆筍段出鍋前撒上適量的鹽和黑胡椒。
6. 多士放入麵包爐上烤3分鐘，烤至雙面金黃後取出。
7. 在多士上塗上蛋黃醬，依次碼上番茄片、蘆筍段和蟹肉棒。
8. 蓋上另一片塗好蛋黃醬的多士即可。

營養貼士

對於高血壓患者來說，蘆筍是一種天然的「降壓良藥」；同時它還含有豐富的葉酸，很適合孕婦食用。

低溫煎出減脂餐

香煎三文魚三文治

25 分鐘　中等

材料

三文魚 100 克 | 雞蛋 1 個（約 50 克） | 菠菜 20 克 | 法式長麵包 1 個（約 100 克）

輔料

檸檬汁少許 | 鹽 1 茶匙 | 牛油 10 克 | 油少許

特色

三文魚經過慢煎，皮下脂肪已充分滲透出來，魚皮酥脆，而魚肉保持了柔嫩的質地。用菠菜做配料，使原本單純的厚蛋燒有了不一樣的口感。

烹飪秘笈

做厚蛋燒時要控制油的用量，因此可以在廚房紙巾上倒上油，再用廚房紙巾塗抹厚蛋燒鍋，可以有效控制油量。

食材	參考熱量
三文魚 100 克	139 千卡
雞蛋 50 克	72 千卡
菠菜 20 克	6 千卡
法式長麵包 100 克	240 千卡
牛油 10 克	89 千卡
合計	546 千卡

做法

1. 三文魚用廚房紙巾吸乾水分，淋上檸檬汁，撒上適量鹽抹勻。
2. 雞蛋打散成蛋液。菠菜洗淨，去根，切碎。
3. 取一容器，將蛋液和菠菜碎混均勻，加適量鹽調味。
4. 取一個厚蛋燒鍋，抹少許油，倒入 1/3 蛋液，小火煎至雞蛋半凝固時將雞蛋捲起來折成 3 折，重複上述步驟，直至雞蛋全部卷起來。
5. 取平底鍋加熱，倒入少許油，放入三文魚，雙面煎至金黃後盛出。
6. 法式長麵包縱向切開，抹上適量牛油。
7. 夾入菠菜厚蛋燒和三文魚即可。

營養貼士

人體內缺少維他命 D，會影響鈣的吸收和利用，易產生骨質疏鬆，經常食用三文魚可以有效補充維他命 D。

經典王牌茶點

雜錦海鮮三文治

30 分鐘　中等

特色

三文治中最經典的總匯三文治，口味清淡卻不失鮮味，豐富的層次感自帶優雅的光環。

烹飪秘笈

處理鮮魷魚時，左手握住魷魚頭，右手握住魷魚身體，輕輕往外拉，取出魷魚內臟等雜物，再將魷魚的「明骨」抽出來扔掉；清除掉魷魚體內殘留的其他雜物，同時撕掉魷魚外層紫色的筋膜。再將魷魚頭裏殘留的髒物清洗乾淨，輕輕擠壓魷魚的眼睛，把裏面的墨汁擠掉即可。

材料

蝦仁 50 克 | 鮮魷魚 50 克 | 扇貝肉 4 個（約 30 克）| 西葫蘆半個（約 200 克）| 洋葱 1/2 個（約 40 克）| 溏心蛋 1 個（約 50 克）| 多士 3 片（約 180 克）

輔料

九層塔少許 | 鹽適量 | 現磨黑胡椒碎少許 | 千島醬 30 毫升 | 油少許

食材	參考熱量
蝦仁 50 克	24 千卡
鮮魷魚 50 克	38 千卡
扇貝肉 30 克	17 千卡
西葫蘆 200 克	38 千卡
洋葱 40 克	16 千卡
溏心蛋 50 克	64 千卡
多士 180 克	500 千卡
千島醬 30 毫升	143 千卡
合計	840 千卡

索引

千島醬 / 第 18 頁

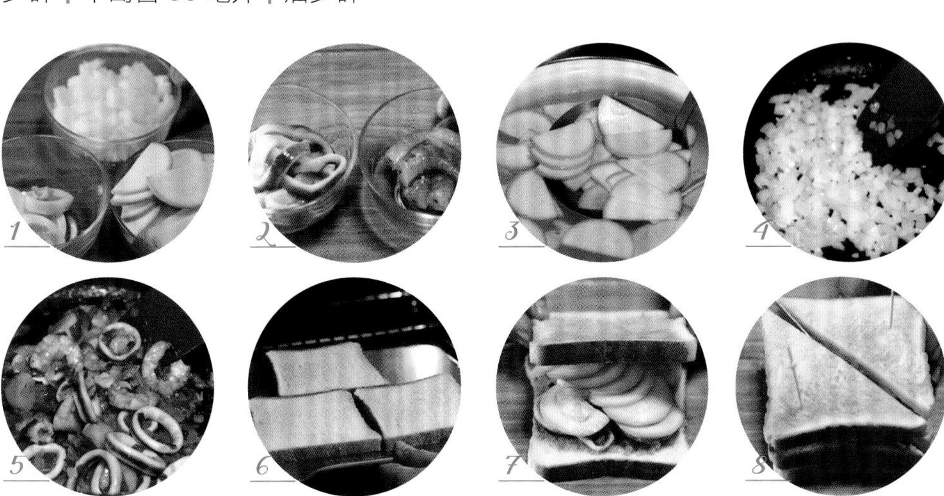

做法

1. 溏心蛋剝殼，切厚片。西葫蘆洗淨，切片。洋葱去皮，切丁。
2. 蝦仁洗淨，瀝水備用。鮮魷魚切成小圈。九層塔切碎。
3. 起鍋，加 500 毫升水燒開，撒適量鹽，放入西葫蘆片，小火煮 3 分鐘後盛出。
4. 平底鍋加熱，倒入少許油，放入洋葱煸炒出香味。
5. 放入蝦仁、魷魚圈和扇貝肉，撒適量鹽、黑胡椒碎、九層塔碎，翻炒均勻後盛出。
6. 多士放入麵包爐上烤 3 分鐘，烤至雙面金黃後取出。
7. 在烤好的多士上抹上適量千島醬，依次放上雜錦海鮮、雞蛋片、西葫蘆片。
8. 蓋上另一片多士，重複步驟 7 的動作，蓋上剩餘的多士，用牙籤固定後，對角切成適合的大小即可。

營養貼士

海鮮含豐富的維他命 B 雜和葉酸，這些都是我們每天新陳代謝所需的營養元素，對於預防皮膚病和神經系統疾病也有很大作用。

包起辛辣鹹鮮

明太子魷魚口袋三文治

25 分鐘　中等

材料

小魷魚半隻（約100克）| 明太子20克 | 洋葱 1/4 個（約 20 克）| 紫菜適量 | 多士 2 片（約 120 克）

輔料

生抽 2 湯匙 | 味醂 1 湯匙 | 白砂糖 1 湯匙 | 清酒適量 | 橄欖油少許

特色

明太子魷魚是日本關西地區廣受歡迎的一道菜品，將它改良做成三文治，餡料鮮香四溢而富有嚼勁。

烹飪秘笈

製作口袋三文治時，餡料儘量擺放在多士中間的位置。

食材	參考熱量
小魷魚 100 克	75 千卡
明太子 20 克	25 千卡
洋葱 20 克	8 千卡
多士 120 克	333 千卡
合計	441 千卡

做法

1. 紫菜切成細絲。魷魚洗淨，去膜，切塊。洋葱洗淨，去皮，切丁。
2. 取一平底鍋加熱，倒入適量橄欖油，放入洋葱丁爆香。
3. 放入魷魚塊翻炒，等魷魚變色後倒入生抽、味醂、白砂糖、清酒和適量水，繼續翻炒。
4. 出鍋前放入明太子翻炒均勻後盛出。
5. 取一片多士，放入口袋三文治模具。
6. 加入炒好的明太子魷魚和紫菜絲。
7. 蓋上另一片多士，再蓋上口袋三文治的另一半模具，用力向下壓。
8. 撕掉多餘的多士邊即可。

營養貼士

明太子其實就是明太魚的魚卵，不僅蛋白質含量高，還是低脂肪食物，具有健脾和胃、滋陰補血的功效。

元氣滿滿的早餐

炸蝦三文治

35 分鐘　高級

材料

大蝦 2 個（約 30 克）| 椰菜 20 克 | 生菜 2 片（約 5 克）| 熱狗麵包 2 個（約 100 克）

輔料

麵包糠適量 | 雞蛋 1 個（約 50 克）| 麵粉 1 杯 | 酸青瓜塔塔醬 30 毫升 | 油適量

特色

炸至金黃色且層次分明的大蝦，咬一口，十足鮮甜；切成細絲的椰菜則帶來了清脆的口感，配合在一起就是元氣滿滿的早餐。

烹飪秘笈

大蝦炸好以後，可以用廚房紙巾吸去蝦身上的多餘油分，口感會更清爽。

食材	參考熱量
大蝦 30 克	34 千卡
椰菜 20 克	5 千卡
酸青瓜塔塔醬 30 毫升	106 千卡
生菜 5 克	1 千卡
熱狗麵包 100 克	269 千卡
合計	415 千卡

索引

酸青瓜塔塔醬 / 第 22 頁

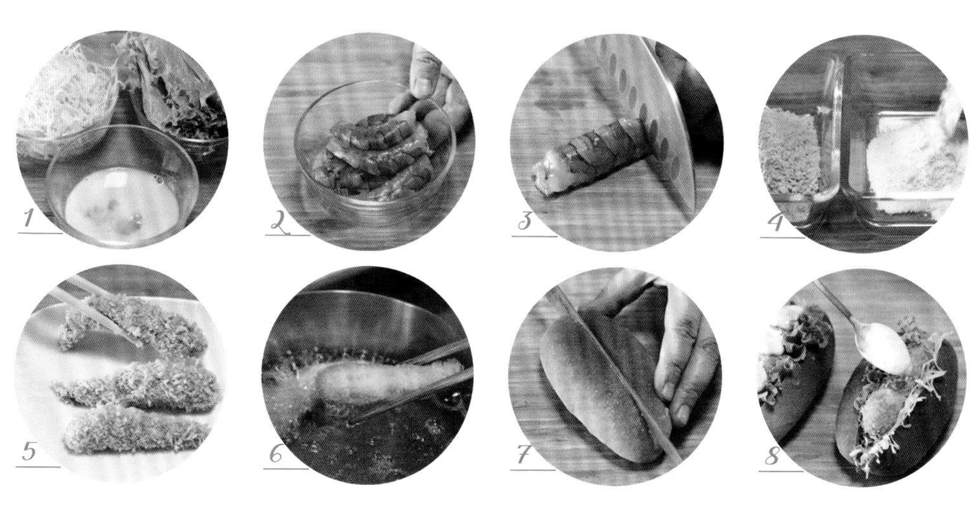

做法

1. 椰菜洗淨，切成細絲。生菜洗淨，瀝水備用。雞蛋打成蛋液。
2. 大蝦洗淨，剝殼，去蝦頭和蝦線。
3. 用刀在蝦身上切幾刀，使其平整。
4. 麵粉和麵包糠分別裝在兩個容器裏。
5. 將大蝦依次裹上麵粉、蛋液和麵包糠。
6. 起油鍋，燒至八成熱，放入大蝦炸至兩面金黃後撈出。
7. 麵包放在麵包爐上烤 3 分鐘，用刀縱向剖開。
8. 依次放入生菜、椰菜絲、炸蝦後，淋上酸青瓜塔塔醬即可。

營養貼士

蝦中含有豐富的蛋白質，小朋友經常吃蝦可以健腦。

淡淡煙燻味

煙燻三文魚貝果

10分鐘 簡單

材料

煙燻三文魚 50 克｜青瓜 1 根（約 120 克）｜球生菜葉 1 片（約 2 克）｜番茄 2 片（約 5 克）｜黑橄欖 2 個（約 5 克）｜貝果麵包 1 個（約 100 克）

輔料

酸奶芥末醬 30 毫升

特色

煙燻三文魚是前餐和早餐中極為常見的一種食物，無論和哪種食材搭配，都會有極佳的滋味。

烹飪秘笈

如果不喜歡吃辣的，可將酸奶芥末醬替換成酸奶油，一樣好吃。

食材	參考熱量
煙燻三文魚 50 克	112 千卡
青瓜 120 克	20 千卡
球生菜葉 2 克	0 千卡
番茄 5 克	1 千卡
黑橄欖 5 克	9 千卡
貝果麵包 100 克	330 千卡
酸奶芥末醬 30 毫升	12 千卡
合計	484 千卡

索引

酸奶芥末醬 / 第 20 頁

做法

1. 煙燻三文魚撕成小塊。
2. 青瓜洗淨後切片。黑橄欖切片。
3. 貝果縱向剖開，放入焗爐烤 3 分鐘。
4. 在一片貝果上抹上適量的酸奶芥末醬。
5. 依次擺上球生菜、番茄片、青瓜片和煙燻三文魚。
6. 撒上黑橄欖片。
7. 淋上剩餘的酸奶芥末醬。
8. 蓋上另一片貝果即可。

營養貼士

貝果在揉面時不需要加糖和牛油，因此貝果是低脂肪、低熱量的健康食品，吃了它不容易感到饑餓。

快手卷出美食

鮮蝦蘆筍春卷

25 分鐘 中等

特色

春卷無論是作為主食還是開胃的前菜，都會散發迷人的光彩。

材料

基圍蝦 8 個（約 70 克）| 蘆筍 4 根（約 240 克）| 紅蘿蔔半根（約 55 克）| 薄荷葉適量 | 越南春卷皮 4 張（約 40 克）

輔料

魚露 2 湯匙 | 檸檬汁少許 | 醋 1 茶匙 | 白砂糖 1 湯匙 | 蒜末 1 茶匙 | 小辣椒 1 根 | 鹽少許

烹飪秘笈

基圍蝦可替換成其他蝦類品種或者直接用蝦仁代替。

食材	參考熱量
基圍蝦 70 克	73 千卡
蘆筍 240 克	53 千卡
紅蘿蔔 55 克	21 千卡
越南春卷皮 40 克	133 千卡
合計	280 千卡

做法

1. 蘆筍洗淨，剝掉根部老皮。紅蘿蔔洗淨，去皮，切絲。薄荷葉洗淨，瀝水。小辣椒切末。
2. 起鍋，加 500 毫升水燒開，放入基圍蝦和蘆筍，焯熟後盛出。
3. 蝦稍涼後，去頭、剝殼，縱向剖成兩半備用。
4. 取一容器，放入魚露、檸檬汁、醋、鹽、白砂糖、蒜末、小辣椒碎，加入半碗涼開水，調成蘸汁。
5. 取一大碗，倒入 500 毫升開水，放入 1 張春卷皮，泡軟後取出。
6. 把春卷皮平鋪在案板上，依次鋪上薄荷葉、紅蘿蔔絲、蘆筍、鮮蝦片，捲成筒狀。
7. 重複步驟 6 直到捲完所有春卷。
8. 將包好的春卷對半斜切成兩半後，放在盤中即可。

營養貼士

這裏用的春卷皮，是用大米磨成粉製成的紙米卷，不含脂肪，熱量極低，是減肥期間的解餓佳品。

難擋的泰國風情

泰式紅蝦牛角包

20 分鐘　簡單

索引

蛋黃醬 / 第 18 頁

材料

紅蝦 100 克 | 紅甜椒 1/4 個（約 10 克）| 黃甜椒 1/4 個（約 10 克）| 生菜 1 片（約 2 克）| 牛角包 1 個（約 100 克）

輔料

檸檬汁少許 | 泰式甜辣醬 2 湯匙 | 蛋黃醬 20 毫升 | 現磨黑胡椒碎少許

食材	參考熱量
紅蝦 100 克	101 千卡
牛角包 100 克	378 千卡
紅甜椒 10 克	3 千卡
黃甜椒 10 克	3 千卡
蛋黃醬 20 毫升	145 千卡
生菜 2 克	0 千卡
合計	630 千卡

特色

層層疊疊的牛角包，配上泰式風味的紅蝦沙拉，清爽中略帶豐潤的口感，像夏日的海風輕輕吹過你的臉頰。

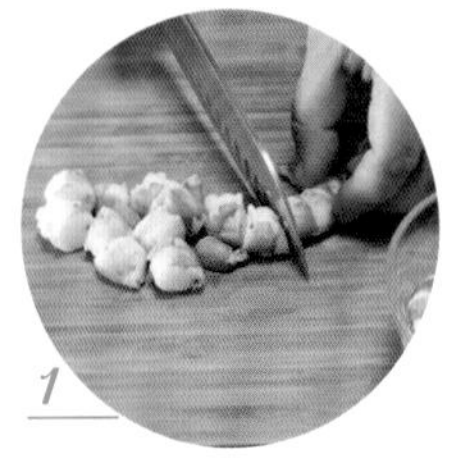
1

2

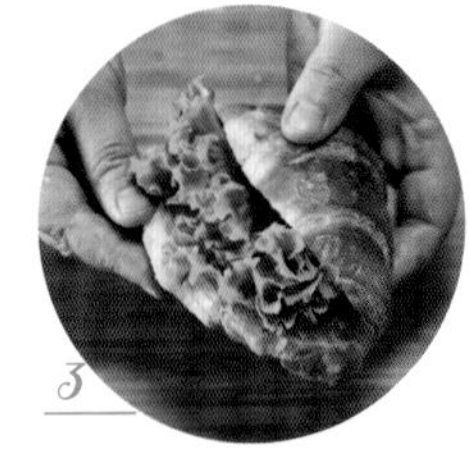
3

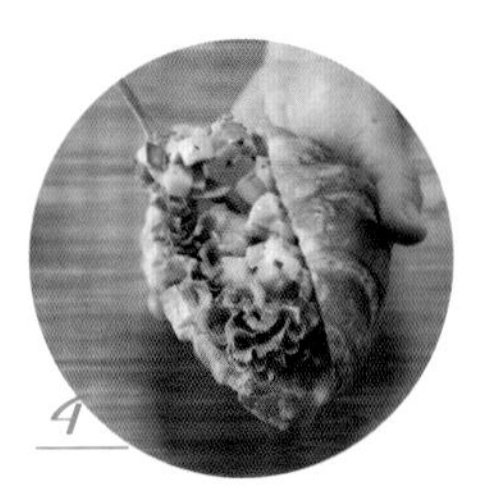
4

做法

1. 紅甜椒和黃甜椒洗淨，切丁。生菜洗淨，瀝水備用。起鍋，加 500 毫升水，燒開後放入紅蝦，小火煮 5 分鐘左右撈出。紅蝦略冷卻後，切成或用手撕成小塊。
2. 將泰式甜辣醬、蛋黃醬、黑胡椒碎和檸檬汁混合成醬汁。再將紅蝦塊、紅甜椒丁、黃甜椒丁和醬汁混合均勻。
3. 牛角包縱向切開，夾入生菜。
4. 夾入拌好的泰式紅蝦餡即可。

營養貼士

紅蝦含有豐富的蛋白質和鐵元素，對於貧血人群或經期流血過多的女性有很好的補益作用。

烹飪秘笈

喜歡重口味的朋友可適當增加泰式甜辣醬的比例，或另切一根小紅辣椒調味。

Chapter 3

禽肉、蛋類

小雞雜的昇華

雞腎粟米筍青瓜沙律

15 分鐘 簡單

索引

日式油醋汁 / 第 17 頁

材料

雞腎 50 克 | 粟米筍 30 克 | 青瓜 1 根（約 120 克）| 枸杞子 15 克 | 菠菜 50 克

輔料

日式油醋汁 30 毫升 | 鹽適量

食材	參考熱量
雞腎 50 克	59 千卡
粟米筍 30 克	4 千卡
青瓜 120 克	20 千卡
枸杞子 15 克	39 千卡
菠菜 50 克	14 千卡
日式油醋汁 30 毫升	55 千卡
合計	**191 千卡**

特色

簡單地切片、調味，配上紅色的枸杞子、黃色的粟米筍以及綠色的菠菜，不起眼的雞腎一樣能成為你會愛上的那道沙律主角。

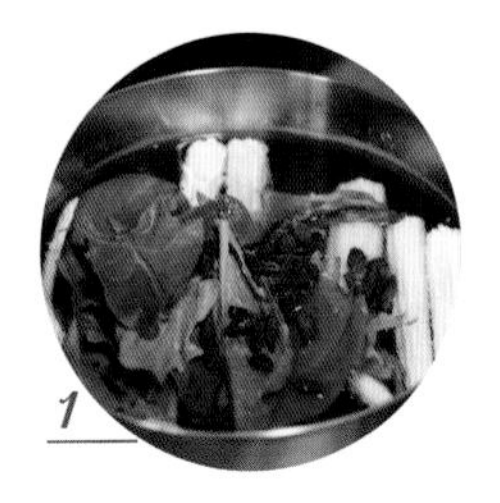

1

2

3

4

做法

1. 菠菜去根後洗淨。青瓜洗淨，切片。枸杞子洗淨。起鍋，加 500 毫升水燒開後，放入粟米筍、菠菜、枸杞子，中火煮 5 分鐘後盛出瀝水。
2. 鍋內繼續放入雞腎、撒適量鹽，中火煮 5 分鐘後盛出。待雞腎稍冷卻後，切成片。
3. 取一容器，放入雞腎片、粟米筍、青瓜、菠菜。
4. 撒上枸杞子，淋上日式油醋汁即可。

營養貼士

雞腎有較強的消食化積作用，消化不良的人可以經常吃些雞腎，可有效促進消化，預防某些胃腸疾病。

烹飪秘笈

菠菜含草酸，建議不要生食，如果喜歡爽脆的口感，可適當縮短菠菜焯水的時間。

材料

雞胸肉 100 克 | 青木瓜半個（約 300 克）| 櫻桃小番茄 5 個（約 100 克）| 青檸 2 個（約 20 克）| 熟花生碎 20 克

輔料

魚露 1 湯匙 | 生抽 1 湯匙 | 椰糖 1 湯匙 | 大蒜 2 瓣 | 小辣椒 1 根

食材	參考熱量
雞胸肉 100 克	133 千卡
青木瓜 300 克	87 千卡
櫻桃小番茄 100 克	23 千卡
青檸 20 克	8 千卡
熟花生碎 20 克	118 千卡
合計	**369 千卡**

特色

這道青木瓜雞肉沙律就如同泰國的空氣一樣，清爽卻又回味無窮。

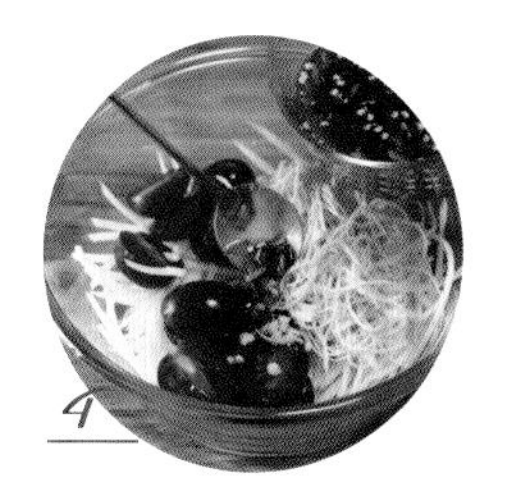

做法

1. 青木瓜擦成細絲。櫻桃小番茄對半切開備用。青檸擠汁。
2. 起鍋，加 500 毫升水燒開後，放入雞胸，中火煮 7 分鐘後盛出。待雞胸肉稍冷卻，用手撕成細絲備用。
3. 將大蒜、小辣椒放入容器裏搗碎，放入魚露、生抽、椰糖混合均勻。
4. 取一容器，放入雞絲、青木瓜絲、櫻桃小番茄，加入青檸汁。撒上花生碎，淋上調好的醬汁即可。

營養貼士

青木瓜內含有豐富的木瓜酵素和木瓜蛋白酶素，女性經常吃青木瓜可以美白、滋潤肌膚，同時有一定的豐胸作用。

烹飪秘笈

椰糖是東南亞特有的一種天然棕櫚糖，家裏沒有椰糖也可用白砂糖或紅糖代替。

法式長麵包黑椒雞腿沙律

30 分鐘　中等

特色

這道沙律最適合用剩餘的法式長麵包邊角料來製作，簡單放進焗爐烤乾水分，配上黑椒雞腿肉和紅紅綠綠的甜椒，高強度的運動之後補充這麼一份沙律，瞬間掃清疲勞和饑餓。

材料

法式長麵包 50 克 | 去骨雞腿肉 100 克 | 青甜椒 50 克 | 紅甜椒 50 克

輔料

黑椒汁 20 毫升 | 蛋黃醬 20 毫升 | 橄欖油 15 毫升 | 料酒 1 茶匙

索引

蛋黃醬 / 第 18 頁

烹飪秘笈

如果沒有多士機，可以將切好的法式長麵包片放於烤網上，以 150℃左右的溫度，放入焗爐中層烘烤 10 分鐘左右即可達到相同效果。

食材	參考熱量
法式長麵包 50 克	120 千卡
去骨雞腿肉 100 克	181 千卡
甜椒 100 克	25 千卡
黑椒汁 20 毫升	26 千卡
蛋黃醬 20 毫升	145 千卡
橄欖油 15 毫升	88 千卡
合計	**585 千卡**

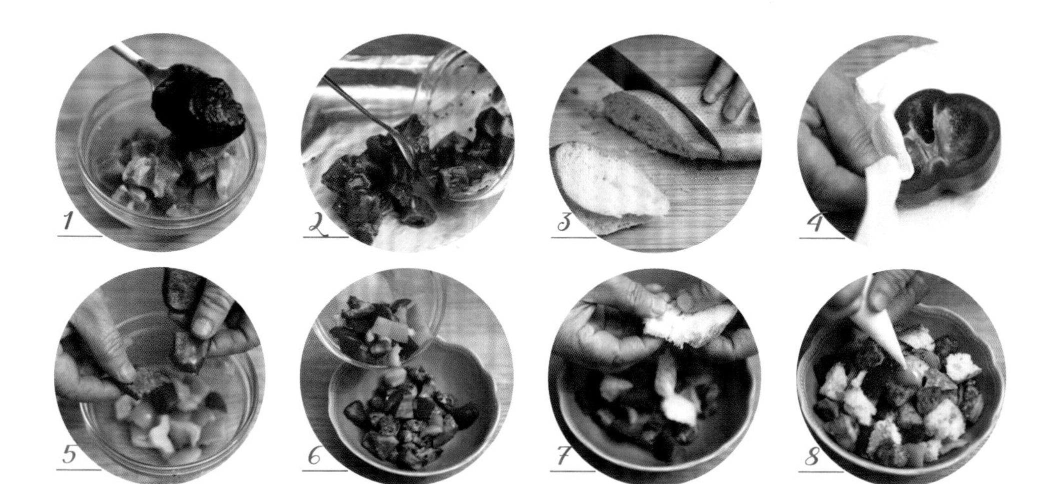

做法

1. 雞腿剔去骨頭，切成 2 厘米見方的小塊，加 1 茶匙料酒和 20 毫升黑椒汁醃漬 10 分鐘左右。
2. 焗爐 210℃預熱，烤盤用錫紙包好，淋橄欖油，將雞腿肉入中層烤 15 分鐘，中途拿出烤盤翻面一次。
3. 法式長麵包斜切成0.8厘米的片，放入多士機以中擋烤好。
4. 甜椒去蒂、去子，洗淨，用廚房紙巾吸去多餘水分。
5. 將洗好的甜椒掰成 2 厘米見方的小塊。
6. 取出烤好的黑椒雞腿肉，和甜椒塊一起放入沙律碗。
7. 法式長麵包切片，掰成適口小塊，放入沙律碗中，稍微拌勻。
8. 點綴上蛋黃醬即可。

營養貼士

甜椒富含多種維他命、葉酸和鉀，常食可以健胃、利尿、明目，提高人體免疫力和消化能力，並兼具防癌抗癌的功效。

咖喱雞肉沙律

特色

混合了酸奶和蛋黃醬的咖喱沙律醬汁香氣誘人，甜和辣兼而有之，配合嫩炒的雞肉和脆度剛剛好的甜豆，既飽口福也飽眼福。

材料

雞胸肉 100 克 | 甜豆 15 克 | 紅莓乾 10 克 | 小米 30 克 | 雜錦生菜 150 克

輔料

咖喱粉 2 湯匙 | 酸奶 2 湯匙 | 蛋黃醬 10 毫升 | 蜂蜜 1 湯匙 | 現磨黑胡椒碎適量 | 澱粉 1 湯匙 | 料酒 1 湯匙 | 鹽少許 | 橄欖油少許

索引

蛋黃醬 / 第 18 頁

烹飪秘笈

使用現成的咖喱塊也可以起到同樣的作用，同時能為咖喱雞肉增加其他風味。

食材	參考熱量
雞胸肉 100 克	133 千卡
甜豆 15 克	5 千卡
紅莓乾 10 克	22 千卡
小米 30 克	108 千卡
雜錦生菜 150 克	24 千卡
蛋黃醬 10 毫升	72 千卡
蜂蜜 5 克	22 千卡
合計	**386 千卡**

做法

1. 蒸鍋放入 500 毫升水燒開後，將小米放入蒸鍋，蒸 15 分鐘後取出備用。
2. 雞胸肉用廚房紙巾吸乾水分，切成小塊。甜豆洗淨備用。雜錦生菜洗淨備用。
3. 起鍋，加 500 毫升水燒開後，放入甜豆，焯熟後盛出。
4. 取一容器，放入雞肉塊，倒入澱粉、鹽、黑胡椒碎、料酒，醃 10 分鐘。
5. 取一平底鍋加熱，倒入少許橄欖油，放入雞肉塊煸炒。
6. 待雞肉變色後，放入 1 湯匙咖喱粉繼續煸炒後盛出。
7. 將酸奶、蛋黃醬、蜂蜜以及剩餘的咖喱粉混合均勻，調成醬汁。
8. 在盤上鋪上雜錦生菜、咖喱雞肉塊、甜豆、紅莓乾和小米，澆上醬汁即可。

營養貼士

甜豆所含的蛋白質容易被人體吸收，熱量比一般豆類更低，是理想的瘦身食材。

增肌健身餐

檸檬雞胸肉沙律

20 分鐘　簡單

索引

松子羅勒青醬 / 第 21 頁

材料

雞胸肉 150 克 | 麵包丁 20 克 | 甜粟米粒 15 克 | 苦菊葉 50 克 | 紅菊苣 50 克

輔料

檸檬半個 | 鹽適量 | 現磨黑胡椒碎適量 | 松子羅勒青醬 30 毫升 | 橄欖油少許

食材	參考熱量
雞胸肉 150 克	200 千卡
苦菊葉 50 克	28 千卡
麵包丁 20 克	63 千卡
紅菊苣 50 克	10 千卡
甜粟米粒 15 克	17 千卡
松子羅勒青醬 30 毫升	374 千卡
合計	692 千卡

特色

如果你是健身人士，一定不要錯過這道低脂肪且富含蛋白質的「增肌餐」。

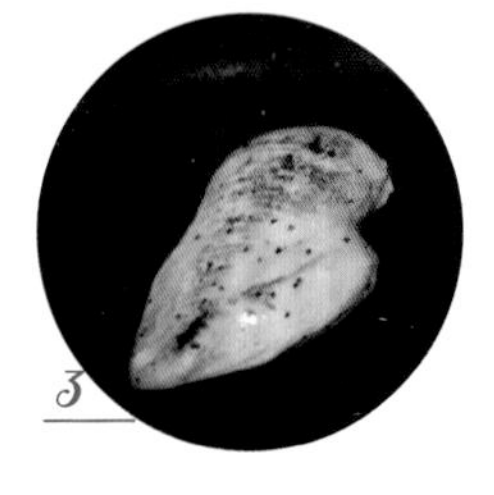

做法

1. 檸檬擠汁。苦菊葉、紅菊苣葉洗淨，瀝水備用。
2. 起鍋，加 500 毫升水燒開後，放入粟米粒，焯熟後盛出。
3. 雞胸肉用廚房紙巾吸乾水分，撒上適量鹽、黑胡椒碎，淋上檸檬汁，醃 10 分鐘。取一平底鍋加熱，倒入少許橄欖油，放入雞胸肉，雙面煎至金黃盛出。待雞肉稍冷卻後中，斜切成片。
4. 將苦菊葉、紅菊苣葉平鋪在盤底，上面放上檸檬雞肉、粟米粒和麵包丁。淋上松子羅勒青醬即可。

營養貼士

雞肉高蛋白低脂肪，極易被人體吸收和利用，在健身、減肥期間，經常食用雞肉可以幫助增強體力、補充營養。

烹飪秘笈

為了方便雞肉入味，在醃製雞胸肉前，可以用刀在雞胸肉上劃幾刀。

溏心蛋西蘭花沙律

25 分鐘　簡單

材料

雞蛋 2 個（約 100 克）| 火腿 2 片（約60克）| 西蘭花半棵（約150克）| 紅蘿蔔半根（約 55 克）| 燕麥 30 克

輔料

蒜末 1 茶匙 | 現磨黑胡椒碎適量 | 蛋黃醬 30 毫升 | 七味粉 1 茶匙

食材	參考熱量
雞蛋 100 克	144 千卡
西蘭花 150 克	53 千卡
火腿 60 克	70 千卡
燕麥 30 克	113 千卡
紅蘿蔔 55 克	21 千卡
蛋黃醬 30 毫升	217 千卡
合計	618 千卡

特色

溏心蛋與西蘭花的組合，雖然看着簡單，但一樣有着豐厚的層次感和滋味。

索引

蛋黃醬 / 第 18 頁

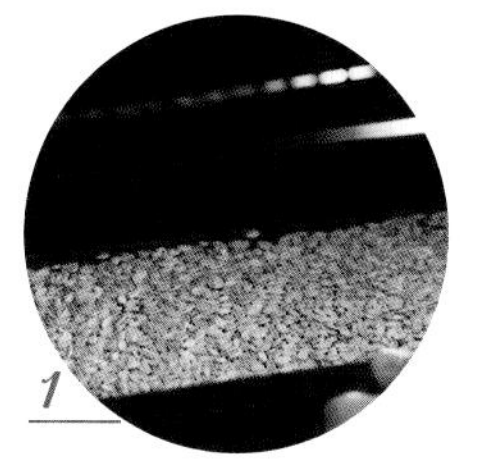
1

2

3

4

做法

1. 西蘭花洗淨，切塊。紅蘿蔔洗淨，去皮，切丁。火腿手撕成片。焗爐預熱 180℃，將燕麥均勻地平鋪在烤盤中，放入焗爐烤 15 分鐘。
2. 起鍋，加 500 毫升水燒開，放入雞蛋，中火煮 7 分鐘後盛出。另起鍋，加 500 毫升水燒開，放入紅蘿蔔、西蘭花，中火煮 7 分鐘後盛出。
3. 待溏心蛋稍冷卻後剝殼，將溏心蛋切成小塊。取一容器，放入蛋黃醬、蒜末、七味粉混合均勻。
4. 將溏心蛋、火腿片、西蘭花、紅蘿蔔、燕麥放入沙律碗中。淋上調好的醬汁，撒上黑胡椒碎即可。

營養貼士

有時候皮膚受到輕微碰撞就會瘀青，這是體內缺少維他命 K 的緣故，而補充維他命 K 的最佳方式就是多吃西蘭花。

烹飪秘笈

七味粉是日式料理中以辣椒為主要材料的調味料，家中如果沒有七味粉，可以用紅椒粉或辣椒粉代替。

沙律雞蛋杯

25分鐘　中等

特色

簡單樸實的白煮蛋，加幾種食材，一點創新，搖身一變就成為精緻又美味的星級感沙律，用來待客或是哄小朋友都會有驚豔的效果。

材料

蛋黃醬30毫升 | 雞蛋3個（約150克）| 水浸吞拿魚半罐

輔料

洋葱1/4個（約20克）| 酸青瓜10克 | 西蘭花半棵（約150克）| 鹽適量 | 現磨黑胡椒碎適量 | 淡鹽水適量

索引

蛋黃醬 / 第18頁

烹飪秘笈

菜譜中的西蘭花也可替換為其他綠色蔬菜或香草來點綴——薄荷葉、碰碰香、新鮮番荽等都是不錯的選擇。

食材	參考熱量
蛋黃醬 30 毫升	217 千卡
雞蛋 150 克	216 千卡
水浸吞拿魚 90 克	89 千卡
洋葱 20 克	8 千卡
酸青瓜 10 克	0 千卡
西蘭花 150 克	53 千卡
合計	583 千卡

做法

1. 西蘭花取頂部，切成6小朵，放入燒開的淡鹽水中燙至變色後撈出，瀝乾水分備用。
2. 雞蛋冷水下鍋，開鍋後轉小火煮5分鐘，過兩遍涼水後剝殼，對半切開。
3. 將有尖端的一半雞蛋切掉一小塊，使其可以保持站立。
4. 取出蛋黃碾碎，酸青瓜切成碎粒。
5. 洋葱洗淨，去皮後切成碎末，加入鹽和現磨黑胡椒碎翻勻。
6. 加入瀝乾汁水的吞拿魚、酸青瓜碎和碾碎的蛋黃，加入適量蛋黃醬或千島醬拌勻。
7. 將拌好的沙律用小勺盛入雞蛋杯中。
8. 點綴上西蘭花即可。

營養貼士

雞蛋是常見且易得的健康食材，且不經油煎，仍然是健康的水煮做法，加一點自己的創意，健康的料理也更加精緻。

美式炒蛋煙肉菊苣盞

15 分鐘　簡單

特色

美式炒蛋是西式早餐中最常見的家常菜，在這裏變身精緻的餐前小點，脆脆的煎煙肉增加了食物的口感，紅菊苣葉作為沙律盞更增添了別致的趣味。

材料

雞蛋 2 個（約 100 克）| 煙肉 2 片（約 40 克）| 紅菊苣 6 片（約 20 克）| 藜麥 30 克

輔料

牛油 15 克 | 橄欖油少許 | 現磨黑胡椒碎適量 | 牛奶 50 毫升 | 鹽適量

烹飪秘笈

炒美式炒蛋時，爐火始終保持中小火，鍋鏟要不停地向內側推，以確保雞蛋的嫩滑。

食材	參考熱量
雞蛋 100 克	144 千卡
煙肉 40 克	72 千卡
紅菊苣 20 克	4 千卡
藜麥 30 克	110 千卡
牛油 15 克	133 千卡
牛奶 50 毫升	27 千卡
合計	**490 千卡**

做法

1. 煙肉切丁。紅菊苣葉洗淨，瀝水備用。
2. 蒸鍋放入 500 毫升水燒開，將藜麥放入蒸鍋，蒸 15 分鐘後取出備用。
3. 取一平底鍋加熱，倒入少許橄欖油，放入煙肉丁，煎至表皮微脆後盛出。
4. 雞蛋磕在碗裏打散，放適量鹽及牛奶，將空氣充分攪打進去。
5. 平底鍋小火加熱，放入牛油融化。
6. 倒入蛋液，用鏟子輕輕將雞蛋從邊緣往中間推，反覆動作直到看不到流動的液體後盛出。
7. 將紅菊苣葉擺在盤中，裏面盛上炒好的雞蛋和煙肉丁。
8. 撒上藜麥和黑胡椒碎即可。

營養貼士

雞蛋富含 DHA 和卵磷脂、卵黃素，有利於人體神經系統的發育，能改善記憶力，促進肝細胞再生。

中式鴨肉沙律

60 分鐘　高級

特色

醬鴨經過改良之後，一樣也可以成為沙律中的主角。

材料

鴨腿 2 個（約 200 克）| 京葱 20 克 | 菠蘿 30 克 | 粟米片 15 克 | 羽衣甘藍 100 克

輔料

小葱段 5 克 | 薑片 2 片 | 料酒 1 湯匙 | 五香粉 1 茶匙 | 生抽 1 湯匙 | 老抽 1 湯匙 | 冰糖 30 克 | 酸奶芥末醬 30 毫升 | 橄欖油少許

索引

酸奶芥末醬 / 第 20 頁

烹飪秘笈

鴨腿出鍋前，用筷子從鴨肉中間插下去，如果能輕鬆插到底，説明鴨肉已經酥爛。

食材	參考熱量
鴨腿 200 克	480 千卡
菠蘿 30 克	13 千卡
羽衣甘藍 100 克	32 千卡
京葱 20 克	7 千卡
粟米片 15 克	55 千卡
酸奶芥末醬 30 毫升	12 千卡
合計	**599 千卡**

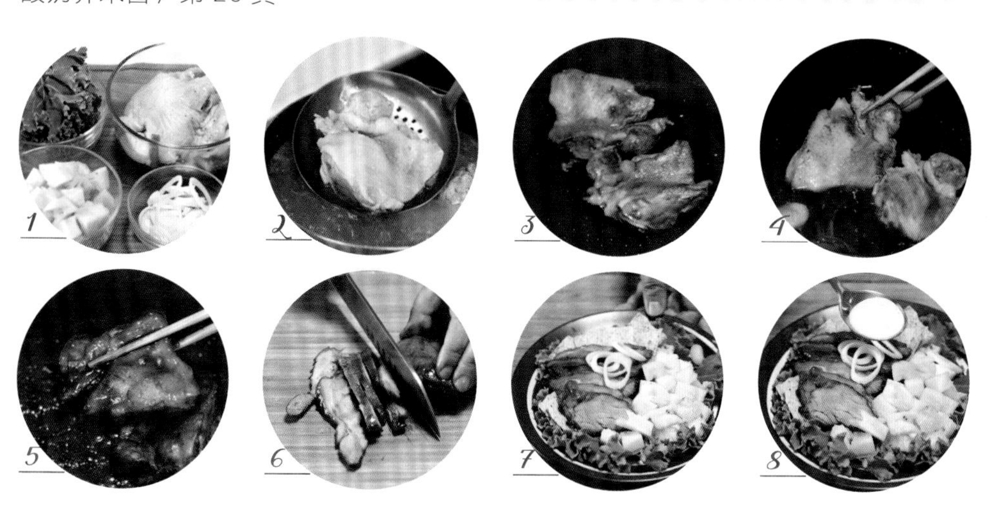

做法

1. 鴨腿洗淨後去骨。京葱洗淨後切片。菠蘿去皮、切丁。羽衣甘藍洗淨，瀝水。
2. 起鍋，加 500 毫升水燒開後，放入鴨腿，中火煮 8 分鐘後盛出。
3. 取一平底鍋加熱，倒入少許橄欖油，放入鴨腿肉，煎至表皮微黃後盛出。
4. 鍋內留底油，放入小葱、薑片煸香，放入鴨腿，再放入料酒、五香粉、生抽、老抽、冰糖以及 2 碗水燒開。
5. 蓋上鍋蓋，中火煮 45 分鐘後大火收汁盛出。
6. 待醬鴨腿稍冷卻後，切片備用。
7. 取一容器，平鋪上羽衣甘藍，上面放上醬鴨腿片、京葱片、菠蘿丁和粟米片。
8. 淋上酸奶芥末醬即可。

營養貼士

鴨肉的蛋白質含量比雞肉更高，脂肪酸的比例與橄欖油相似，因此患有高脂血症、心血管類疾病的人可以經常食用鴨肉。

體驗法式浪漫

酒漬櫻桃鴨胸沙律

20 分鐘　中等

材料

酒漬櫻桃 10 個（約 80 克）| 鴨胸肉 200 克 | 芝麻菜 100 克 | 熟松子仁 10 克

輔料

紅酒醋 30 毫升 | 鹽 1 茶匙 | 現磨黑胡椒碎 5 克 | 五香粉 1 茶匙 | 橄欖油少許

特色

鴨胸向來是法餐中的高級料理，去繁取精，讓鴨胸變身成為顏值和味道雙重在線的完美沙律。

烹飪秘笈

酒漬櫻桃可選擇現成的或者自己製作，具體做法是：250 克櫻桃洗淨，用筷子頂掉櫻桃核，將櫻桃、100 毫升水、50 毫升991酒以及 20 克冰糖放入鍋中煮開，轉小火煮 10 分鐘左右；自然冷卻後裝入密封瓶，保存一周以上即可食用。

食材	參考熱量
酒漬櫻桃 80 克	37 千卡
鴨胸肉 200 克	180 千卡
芝麻菜 100 克	25 千卡
紅酒醋 30 毫升	6 千卡
熟松子仁 10 克	53 千卡
合計	**301 千卡**

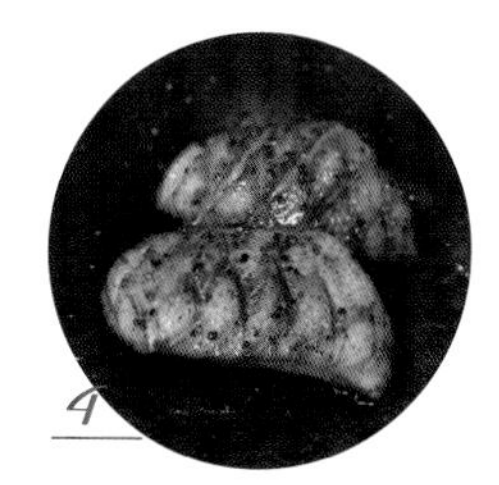

做法

1. 芝麻菜洗淨，瀝水備用。
2. 鴨胸解凍，用廚房紙巾吸乾水分，表皮劃十字刀。
3. 在鴨胸表皮撒上鹽、黑胡椒碎、五香粉，並塗抹均勻，醃 20 分鐘。
4. 平底鍋加熱，倒入少許橄欖油，皮朝下放入鴨胸，單面煎 3 分鐘至表皮金黃後翻面，繼續煎 3 分鐘後盛出。
5. 待鴨胸肉稍冷卻後，切成片。
6. 取一容器，放入芝麻菜、鴨胸肉和酒漬櫻桃。
7. 撒上熟松子仁，淋上紅酒醋即可。

營養貼士

櫻桃含鐵量較高，經常吃櫻桃可以補充人體對鐵元素的需求，防止缺鐵性貧血。

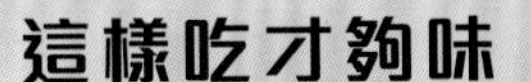

蘑菇燒蛋三文治

特色

經過煸炒的蘑菇滲透出濃郁鮮香的滋味，雞蛋的嫩，洋葱的甜，青豆的脆，構成了和諧的詩篇。

材料

雞蛋 2 個（約 100 克）| 洋葱 1/4 個（約 20 克）| 蘑菇 10 克 | 青豆 5 克 | 紅蘿蔔 5 克 | 粟米粒 5 克 | 多士 2 片（約 120 克）

輔料

生抽 1 湯匙 | 味醂 1 湯匙 | 鹽適量 | 清酒 1 湯匙 | 橄欖油適量

烹飪秘笈

為節省處理時間，青豆、紅蘿蔔和粟米粒也可以用急凍雜菜代替。

食材	參考熱量
雞蛋 100 克	144 千卡
洋葱 20 克	8 千卡
蘑菇 10 克	2 千卡
青豆 5 克	20 千卡
紅蘿蔔 5 克	2 千卡
粟米粒 5 克	6 千卡
多士 120 克	333 千卡
合計	**515 千卡**

做法

1. 雞蛋打散。蘑菇洗淨後切片。洋葱、紅蘿蔔分別洗淨，去皮，切丁。
2. 起鍋，加 500 毫升水燒開，放入青豆、紅蘿蔔、粟米粒，中火煮 5 分鐘後盛出瀝水。
3. 取一小碗，放入蛋液、青豆、紅蘿蔔丁、粟米粒及適量鹽混合均勻。
4. 取一小口徑的煎鍋，倒入適量橄欖油加熱，放入混合好的蛋液，中火煎至雙面金黃後盛出。
5. 另取一平底鍋，倒入適量橄欖油加熱，放入洋葱丁爆香，放入蘑菇片，倒入生抽、味醂、清酒，煸炒至熟透後盛出。
6. 多士切掉四周的邊，取一片，上面平鋪上雞蛋、洋葱及蘑菇片。
7. 蓋上另一片多士，對半切開即可。

營養貼士

蘑菇的維他命 D 含量非常豐富，處於成長發育期的青少年可以經常食用蘑菇，有助於骨骼發育。

網紅 Brunch

班尼迪克蛋

20 分鐘　中等

特色

最完美的早餐怎麼可以少了班尼迪克蛋的身影，會爆汁的蛋才是蛋中的「王者」！

材料

雞蛋 2 個（約 100 克）| 火腿 1 片（約 30 克）| 英式鬆餅 1 個（約 150 克）

輔料

白醋 1 茶匙 | 牛油 50 克 | 檸檬汁 1 茶匙 | 鹽 1 茶匙 | 橄欖油 1 湯匙 | 米醋 1 茶匙

烹飪秘笈

製作荷蘭醬的秘訣之一是要不停地攪拌，即便有其他材料加入也要不停地攪拌；二是分次加入的牛油可以保存在一個隔着熱水的大碗中，防止牛油遇冷重新凝固。

食材	參考熱量
雞蛋 100 克	144 千卡
火腿 30 克	35 千卡
英式鬆餅 150 克	406 千卡
牛油 50 克	444 千卡
合計	**1029 千卡**

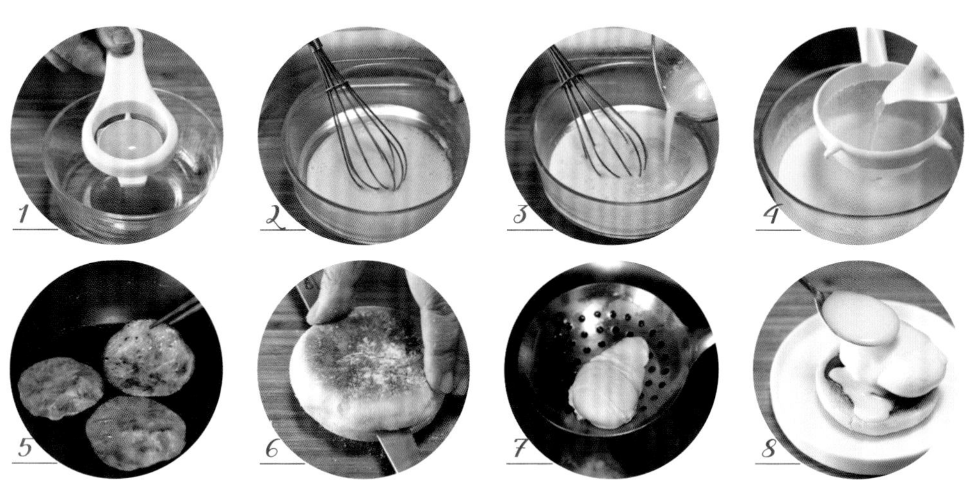

做法

1. 將 1 個雞蛋的蛋黃和蛋白分離，留蛋黃備用。牛油加熱融化。
2. 取一個耐熱的容器，放入蛋黃和白醋，隔水加熱後打散。
3. 將融化的牛油分次加入蛋液中，迅速攪打至濃稠後關火。
4. 待醬汁稍冷卻後，加入適量的檸檬汁和鹽，混合均勻，即成荷蘭醬，備用。
5. 取一平底鍋，加適量橄欖油後加熱，放入火腿片，小火煎至火腿片邊緣微焦後盛出。
6. 鬆餅放入麵包爐後烘烤 5 分鐘後取出，對半切開。
7. 起鍋，加 500 毫升水燒開，加米醋，用筷子或漏勺在水裏劃圈成漩渦狀，磕入 1 個雞蛋，中火煮 2 分鐘待蛋白凝固後盛出瀝水。
8. 將鬆餅放入盤上，依次擺上火腿片和水波蛋後，淋上荷蘭醬即可。

營養貼士

雞蛋含有人體所需的大部分營養物質，營養價值很高，其蛋白質易被人體吸收，比較適合體質虛弱的人補身體。

簡單，超厚，超滿足

牛油果超厚三文治

20 分鐘　簡單

特色

超厚三文治近年來非常流行，兩片多士夾裹着滿滿的食材，一口咬下的滿足感簡直無法用言語形容，只有吃過的人才懂那種幸福。

烹飪秘笈

製作超厚三文治，想要切面漂亮的竅門有三個：

- 食材要放整齊，儘量鋪滿多士但是不超過邊際。
- 保鮮紙一定要包裹得足夠緊。
- 刀要足夠鋒利，如果有條件，最好選用大品牌帶鋸齒的專業多士刀。

材料

多士2片（約120克）| 牛油果80克 |
雞蛋1個（約50克）| 紅蘿蔔50克

輔料

鹽少許 | 現磨黑胡椒5克 |
千島醬15毫升

食材	參考熱量
多士120克	333千卡
牛油果80克	129千卡
雞蛋50克	72千卡
紅蘿蔔50克	20千卡
千島醬15毫升	71千卡
合計	**625千卡**

索引

千島醬／第18頁

做法

1. 雞蛋放入清水中煮熟，過兩遍涼水浸泡冷卻，剝殼後用切蛋器切成片。
2. 紅蘿蔔洗淨，用刨絲器刨成細絲，放入水中浸泡。
3. 牛油果從中間切開，去除果核，用勺子緊貼果皮將牛油果挖出，將取出的果肉放在砧板上，切成薄片，儘量保持整齊的形狀。
4. 多士放入多士機中，中擋加熱。
5. 裁出一張上下左右都至少大於多士1倍的保鮮紙，將烤好的其中1片多士擺放在保鮮紙上。
6. 先鋪上切好的雞蛋片，再整齊放上紅蘿蔔絲，擠上千島醬。
7. 然後將切好的半個牛油果放上，輕壓使切片散開，撒上少許鹽和現磨黑胡椒，蓋上另外1片多士。
8. 將四周的保鮮紙把多士緊緊包裹起來，從中間切開，切口朝上擺入盤中，即成為非常漂亮的三文治。

營養貼士

雞蛋中蛋白質的氨基酸組成與人體組織蛋白質最為接近，因此吸收率高。此外，蛋黃還含有卵磷脂、維他命和礦物質等，這些營養素有助於增進神經系統的功能，能健腦益智，防止老年人記憶力衰退。

樸素的私房菜

肉臊溏心蛋三文治

60 分鐘　中等

特色

餓了的時候最想有碗暖暖的肉臊飯，當肉臊和麵包配搭在一起，說不定它也能成為你心目中的不二之選呢！

材料

雞蛋 1 個（約 50 克）| 紅葱頭 3 個（約 20 克）| 豬五花肉 100 克 | 花菇 2 朵（約 20 克）| 秋葵 2 根（約 15 克）| 多士 2 片（約 120 克）

輔料

生抽 1 湯匙 | 醬油膏 1 湯匙 | 白砂糖 1 湯匙 | 米酒 1 湯匙 | 料酒 1 湯匙 | 五香粉 1 茶匙 | 油適量

烹飪秘笈

這道三文治帶有典型的台灣風味，家裏如果沒有醬油膏，也可以用老抽代替。此外，燉肉時花菇水要沒過所有食材，這樣燉出來的肉臊才不會過乾。

食材	參考熱量
雞蛋 50 克	72 千卡
豬五花肉 100 克	568 千卡
紅葱頭 20 克	4 千卡
秋葵 15 克	7 千卡
花菇 20 克	5 千卡
多士 120 克	333 千卡
合計	**989 千卡**

做法

1. 紅葱頭洗淨、去皮、切絲。花菇泡發，瀝水，切丁備用。秋葵洗淨，汆燙後切片。豬五花肉切丁。
2. 起油鍋，燒至表面冒煙後，放入紅葱頭絲，炸至表面金黃後撈出瀝油，等油溫降低些後再重複炸一次。
3. 取一個平底鍋，倒入適量油，放入五花肉丁翻炒至變色。
4. 倒入紅葱酥和花菇丁，加白砂糖、醬油膏、生抽、米酒、料酒、五香粉以及花菇水。
5. 中火燒開後轉小火慢燉 45 分鐘後，大火收汁。
6. 雞蛋放入開水中煮成溏心蛋，剝殼後，切成小塊。
7. 取一片多士，依次鋪上秋葵片、肉臊和溏心蛋。
8. 蓋上另一片多士即可。

營養貼士

紅葱頭營養價值很高，對於失眠、咽喉炎有很好的食療作用。

醬燒肉最好吃

照燒雞腿三文治

40 分鐘　高等

材料

雞腿約 80 克 | 椰菜 15 克 | 白芝麻 2 茶匙（10 克）| 多士 2 片（約 120 克）

輔料

生抽 1 湯匙 | 蜂蜜 1 湯匙 | 清酒 1 湯匙 | 薑末 2 茶匙 | 橄欖油 1 湯匙

特色

去了骨的雞腿用鹹鮮的照燒醬燉煮後，有了別樣的醬香滋味，外焦裏嫩，還不來試試！

烹飪秘笈

在給雞腿去骨時，要徹底切斷雞腿的筋膜，這樣雞腿在烹飪的過程中才不會回縮；此外，醃製雞腿時，可以用牙籤在雞皮上戳幾下，方便醃製入味。

食材	參考熱量
雞腿 80 克	150 千卡
椰菜 15 克	4 千卡
白芝麻 10 克	54 千卡
多士 120 克	333 千卡
合計	**541 千卡**

做法

1. 雞腿去骨。椰菜洗淨後切絲。
2. 將生抽、蜂蜜、清酒、薑末以及適量清水調成醬汁。
3. 將醬汁倒入保鮮袋，放入雞腿肉，紮口後搖勻，放入冰箱醃 30 分鐘。
4. 取一平底鍋，加適量橄欖油加熱，將雞腿肉連同醬汁一起倒入鍋中，小火燜煮 4 分鐘。
5. 將雞腿翻面，繼續燜煮至醬汁濃稠後盛出。
6. 將雞腿放在砧板上切將條狀。
7. 取一片多士，鋪上椰菜絲以及照燒雞腿排。
8. 撒上白芝麻，蓋上另一片多士即可。

營養貼士

蜂蜜不僅可以增加雞肉的風味，還可以促進腸道吸收。

食肉族的福利

BBQ 雞肉爆漿三文治

30 分鐘 中等

特色

最爽的吃肉方式莫過於燒烤加芝士的配搭！

材料

雞胸肉 100 克｜生菜 2 片（約 5 克）｜芝士片 1 片（約 10 克）｜雞蛋 1 個（約 50 克）｜多士 2 片（約 120 克）

輔料

燒烤醬 2 湯匙｜生抽 1 湯匙｜番茄醬 1 湯匙｜料酒 1 湯匙｜現磨黑胡椒碎適量｜麵包糠適量｜鹽適量｜麵粉適量｜油適量

烹飪秘笈

在給雞排裹粉的過程中，重複裹蛋液、麵粉和麵包糠的動作，可以讓雞排的口感更蓬鬆酥脆。

食材	參考熱量
雞胸肉 100 克	133 千卡
雞蛋 50 克	72 千卡
芝士片 10 克	33 千卡
生菜 5 克	1 千卡
多士 120 克	333 千卡
合計	**572 千卡**

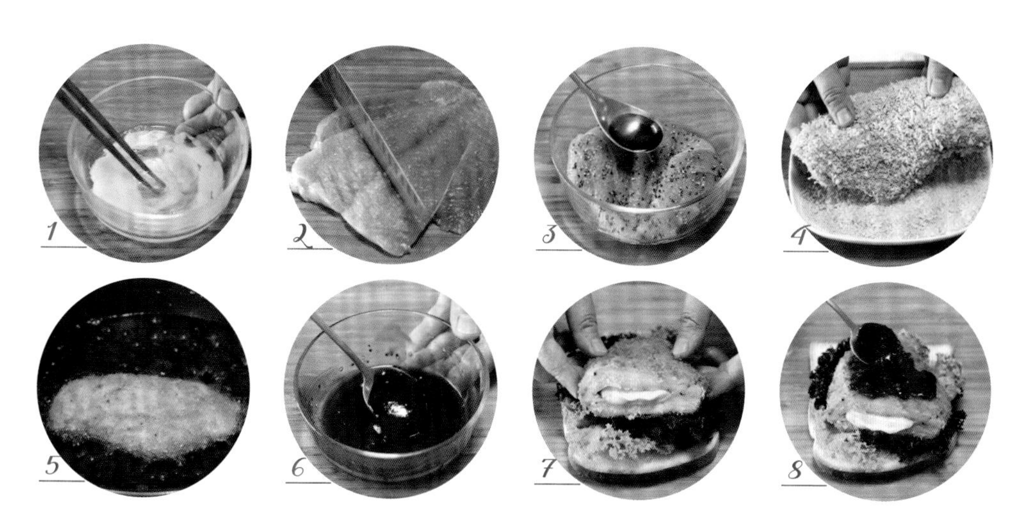

做法

1. 雞蛋打散。生菜洗淨，瀝水備用。
2. 雞胸肉用廚房紙巾吸乾水分後，從中間橫著剖開，底部不要切斷，用刀背拍松雞肉排。
3. 雞肉放入料酒、適量鹽和黑胡椒碎醃 10 分鐘。
4. 在雞肉排中間加芝士片，合上後，依次蘸蛋液、麵粉和麵包糠。
5. 起油鍋，燒至表面冒煙後，放入雞排炸至表面金黃後撈出瀝油，等油溫降低些後再複炸一次。
6. 取一容器，放入燒烤醬、番茄醬、生抽、黑胡椒碎混合均勻成 BBQ 醬汁。
7. 取一片多士，鋪上一片生菜，擺上爆漿雞排。
8. 淋上 BBQ 醬汁後，蓋上生菜和另一片多士即可。

營養貼士

雞肉含有易被人體吸收的蛋白質，還有多種微量元素，有助於增強體力、提高免疫力。

零失敗零負擔

雞肉烤甜椒法式長麵包

100 分鐘　高級

材料

雞胸肉 50 克 | 紅甜椒 1/2 個（約 25 克）| 黃甜椒 1/2 個（約 25 克）| 法式長麵包 1 個（約 100 克）

輔料

腐乳汁 2 湯匙 | 米酒 2 湯匙 | 白砂糖 1 湯匙 | 生抽 1 湯匙 | 鹽適量 | 小葱 1 根 | 薑 2 片

特色

烤過的甜椒酸中帶一絲絲甜味，去掉了雞肉的油膩感，和有質感的法式長麵包配合在一起，美妙的一天從現在開始。

烹飪秘笈

由於製作工序複雜，雞肉卷最好提前一晚醃製入味。

食材	參考熱量
雞胸肉 50 克	67 千卡
甜椒 50 克	13 千卡
法式長麵包 100 克	240 千卡
合計	**320 千卡**

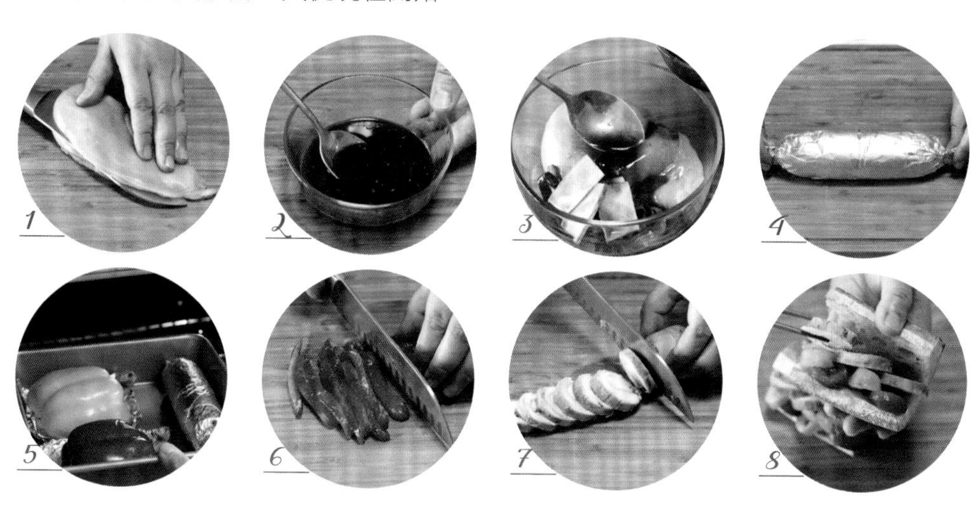

做法

1. 將雞胸肉、甜椒洗淨，瀝水；雞胸肉對半片開備用。
2. 取一小碗，放入腐乳汁、米酒、白砂糖、生抽和鹽，混合均勻。
3. 將雞胸肉、薑片和切段的小葱放入醬汁，醃製 30 分鐘。
4. 用錫紙將雞胸肉捲成卷後放入冰箱，繼續醃製 30 分鐘。
5. 焗爐預熱 200℃，放入雞胸肉和甜椒，烤 40 分鐘。
6. 期間甜椒烤出焦痕即可取出。剝皮、去蒂、去籽後切成條狀。
7. 烤好的雞肉卷切片。法式長麵包縱向切開。
8. 在法式長麵包上依次鋪上甜椒條和雞肉卷片即可。

營養貼士

甜椒中含豐富的β-紅蘿蔔素，能增強免疫力，可以幫助緩解身體的壓力，改善睡眠。

寶寶也愛吃

雞肉番茄貝果

30 分鐘　簡單

材料

雞胸肉 100 克 | 番茄 1/2 個（約 80 克）| 生菜 1 片（約 2 克）| 馬蘇里拉芝士碎 30 克 | 貝果麵包 1 個（約 100 克）

輔料

番茄醬 1 湯匙 | 蜂蜜芥末醬 10 毫升 | 鹽、黑胡椒粉各適量

食材	參考熱量
雞胸肉 100 克	133 千卡
番茄 80 克	16 千卡
生菜 2 克	0 千卡
貝果麵包 100 克	330 千卡
馬蘇里拉芝士碎 30 克	93 千卡
蜂蜜芥末醬 10 毫升	16 千卡
合計	**588 千卡**

特色

在香噴噴的雞肉面前，再挑嘴的人都會大快朵頤，吃個不停！

1

2

3

4

做法

1. 番茄洗淨、切丁。生菜洗淨。
2. 雞胸肉用廚房紙巾吸乾水分後，撒適量的鹽和黑胡椒粉，醃 10 分鐘。起鍋，加 500 毫升水燒開，放入雞胸肉，中火煮 8 分鐘，盛出瀝水。待雞胸肉稍冷卻後切成小塊。
3. 貝果對半切開，在其中一片上依次擺上番茄丁和雞肉丁，撒上馬蘇里拉芝士碎。焗爐預熱 180℃，放入貝果烤 10 分鐘，至芝士融化後取出。
4. 蓋上生菜，淋上番茄醬和蜂蜜芥末醬，蓋上另一片貝果即可。

營養貼士

很多人吃番茄喜歡去皮，其實在去皮的過程中反而容易讓營養成分隨著汁液而流失，所以推薦連皮吃番茄。

烹飪秘笈

家裏如果沒有焗爐，也可以用平底鍋烘烤貝果，一樣好吃。

索引

蜂蜜芥末醬 / 第 20 頁

Chapter 4

水果、素食類

清爽不油膩

菠蘿薄荷羅勒沙律

30 分鐘　簡單

材料

菠蘿 150 克 | 薄荷葉 20 克 |
羅勒 20 克 | 紅藜麥 30 克 | 豆苗 80 克

輔料

現磨黑胡椒碎適量 |
蜂蜜芥末醬 30 毫升

食材	參考熱量
菠蘿 150 克	66 千卡
藜麥 30 克	110 千卡
豆苗 80 克	24 千卡
薄荷葉 20 克	7 千卡
蜂蜜芥末醬 30 毫升	48 千卡
合計	255 千卡

特色

菠蘿加薄荷的滋味就是愛情的味道，酸酸甜甜中帶著一絲清涼。

索引

蜂蜜芥末醬 / 第 20 頁

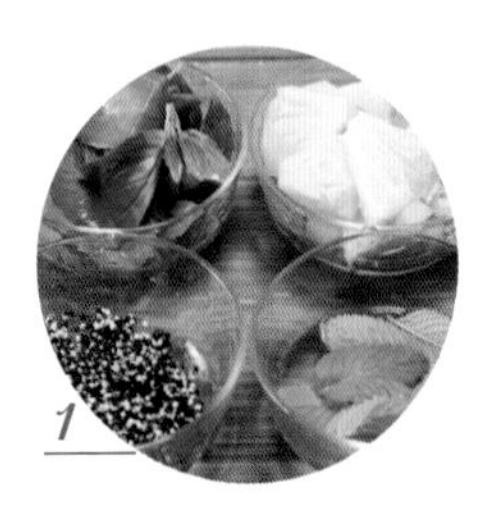

做法

1. 菠蘿切塊。薄荷葉洗淨。羅勒洗淨。紅藜麥洗淨備用。蒸鍋放入 500 毫升水燒開後，將紅藜麥放入蒸鍋，蒸 15 分鐘後取出備用。
2. 起鍋，加 500 毫升水燒開，放入豆苗，中火煮 10 秒鐘，盛出瀝水。
3. 取一容器，放入菠蘿塊、薄荷葉、羅勒以及豆苗。撒上紅藜麥。
4. 撒上適量黑胡椒碎，淋上蜂蜜芥末醬即可。

營養貼士

薄荷含薄荷醇，平時口氣較重的人可以經常食用薄荷清新口氣，同時它還有提神醒腦的作用。

烹飪秘笈

提前將紅藜麥浸泡一下，蒸時將浸泡紅藜麥的水倒掉，上鍋蒸即可。

美味又減脂

藍莓柳橙沙律

20 分鐘　簡單

材料

藍莓 20 克 | 橙子 1 個（約 200 克）| 紅薯半個（約 60 克）| 芝麻菜 50 克

輔料

現磨黑胡椒碎 1 茶匙 | 香草乳酪醬 30 毫升

食材	參考熱量
藍莓 20 克	10 千卡
橙子 200 克	96 千卡
紅薯 60 克	59 千卡
芝麻菜 50 克	13 千卡
香草乳酪醬 3022 毫升	71 千卡
合計	**249 千卡**

特色

藍莓和柳橙富含膳食纖維，清蒸的紅薯帶來飽腹感，誰說健身減肥就要吃得清苦！

索引

香草乳酪醬 / 第 22 頁

做法

1. 藍莓洗淨，瀝水備用。
2. 橙子去皮、切塊。
3. 芝麻菜洗淨備用。圖 1
4. 紅薯去皮、切塊，上籠蒸 10 分鐘，取出放涼。圖 2
5. 取一容器，鋪上芝麻菜，上面放紅薯塊、橙子塊、藍莓。圖 3
6. 撒上適量黑胡椒碎，淋上香草乳酸醬即可。圖 4

營養貼士

藍莓中花青素含量非常高，對於女性來說，是純天然的抗衰老營養補充劑。

烹飪秘笈

紅薯在這道沙律裏起到了主食的作用，你也可以替換成其他根莖類食材，比紫薯、馬鈴薯、山藥等。

滿載清新

蘋果紫薯船

25分鐘  簡單

材料

蛋黃醬 30 毫升 | 紫薯 2 個（約 200 克）| 蘋果 1 個（約 160 克）| 水果青瓜 3 根（約 400 克）

輔料

檸檬汁適量 | 薄荷葉幾片

特色

紫薯為船，填滿混合了蘋果和青瓜清新味道的沙律，嫩綠的薄荷葉像擁抱清風的小帆，帶着你的味蕾乘風破浪，魔法般駛進健康的港灣。

烹飪秘笈

水果青瓜水分多，口感更加清脆，但如果購買不到，也可用普通青瓜代替，換成蘆筍和芹菜丁也是不錯的選擇。但是這兩種蔬菜最好先用開水燙一下再使用。

食材	參考熱量
蛋黃醬 30 毫升	217 千卡
紫薯 200 克	133 千卡
蘋果 160 克	86 千卡
青瓜 400 克	56 千卡
合計	**492 千卡**

索引

蛋黃醬 / 第 18 頁

做法

1. 紫薯洗淨，對切成兩半。
2. 上蒸鍋，大火蒸 10 分鐘至熟透。
3. 挖出紫薯肉，留 1 厘米左右厚的紫薯肉，做成紫薯船。
4. 用挖出的紫薯肉切成 1 厘米左右的紫薯丁。
5. 水果青瓜洗淨，切成小丁。
6. 蘋果洗淨，去皮、去核，切成同樣大小的丁，淋少許檸檬汁翻拌避免氧化。
7. 將紫薯丁、蘋果丁、水果青瓜丁混合後加入蛋黃醬拌勻。
8. 裝回紫薯船中，點綴幾片薄荷葉即可。

營養貼士

蘋果和紫薯都是富含膳食纖維的健康食材，帶來飽腹感和清新口味的同時，也能促進新陳代謝。

芝麻菜無花果沙律

20 分鐘 簡單

材料

芝麻菜 100 克 | 無花果 3 個（約 240 克） | 洋葱 1/4 個（約 20 克） | 椰子片 20 克

輔料

現磨黑胡椒碎適量 | 鹽適量 | 意式油醋汁 30 毫升

食材	參考熱量
芝麻菜 100 克	25 千卡
無花果 240 克	156 千卡
洋葱 20 克	8 千卡
椰子片 20 克	115 千卡
意式油醋汁 30 毫升	18 千卡
合計	322 千卡

特色

只會出現在高級料理菜單上的無花果沙律，其實做出來並不難！

索引

意式油醋汁 / 第 16 頁

做法

1. 芝麻菜洗淨，瀝水備用。
2. 無花果洗淨後切塊。圖 1
3. 洋葱去皮，切絲。圖 2
4. 取一容器，放入芝麻菜、無花果塊、洋葱絲。圖 3
5. 撒上椰子片以及適量的鹽和黑胡椒碎。
6. 淋上意式油醋汁即可。圖 4

營養貼士

上班一族常常處於過疲勞的亞健康狀態，而無花果含豐富的氨基酸，對恢復體力、消除疲勞有很好的作用。

烹飪秘笈

首選椰子片，如果家中沒有，也可以用其他堅果代替，如榛子、夏威夷果、開心果等。

元氣健身餐

雜菜沙律

20 分鐘　簡單

材料

牛油果半個（約 100 克）|
櫻桃小番茄 10 個（約 180 克）|
黑豆豆芽 30 克 | 葡萄乾 20 克

輔料

檸檬半個 | 鹽適量 | 黑胡椒碎適量 |
意式油醋汁 30 毫升

食材	參考熱量
牛油果 100 克	161 千卡
櫻桃小番茄 180 克	41 千卡
黑豆豆芽 30 克	6 千卡
葡萄乾 20 克	69 千卡
意式油醋汁 30 毫升	18 千卡
合計	295 千卡

特色

即使沒有肉食，這道沙律也能帶給你元氣滿滿！

索引

意式油醋汁 / 第 16 頁

做法

1. 牛油果去殼、切塊。檸檬擠汁。
2. 取一容器，放入牛油果塊，撒適量鹽、黑胡椒碎，淋上檸檬汁拌勻。圖 1
3. 櫻桃小番茄洗淨，對半切開。黑豆豆芽洗淨。圖 2
4. 起鍋，加 500 毫升水燒開，放入黑豆豆芽，中火汆 1 分鐘，盛出瀝水。圖 3
5. 取一容器，放入拌好的牛油果塊、櫻桃小番茄、黑豆豆芽。
6. 撒上葡萄乾，淋上意式油醋汁即可。圖 4

營養貼士

牛油果含有豐富的甘油酸、蛋白質和維他命，是天然的抗氧化、抗衰老劑。

烹飪秘笈

可以將黑豆豆芽換成苜蓿。

男人的營養餐

秋葵粟米沙律

20 分鐘　簡單

材料

粟米 1 根（約 130 克）| 秋葵 20 克 | 合桃仁 20 克 | 櫻桃蘿蔔 20 克

輔料

日式油醋汁 30 毫升

特色

對你的他好一點，就經常給他做份秋葵沙律吧！

索引

日式油醋汁 / 第 17 頁

烹飪秘笈

如果家裏沒有擀麵杖，可以將合桃仁裝入保鮮袋紮緊後，往砧板上摔幾下，同樣也可以將合桃仁碾碎。

食材	參考熱量
粟米 130 克	148 千卡
秋葵 20 克	9 千卡
合桃仁 20 克	129 千卡
櫻桃蘿蔔 20 克	4 千卡
日式油醋汁 30 毫升	55 千卡
合計	**345 千卡**

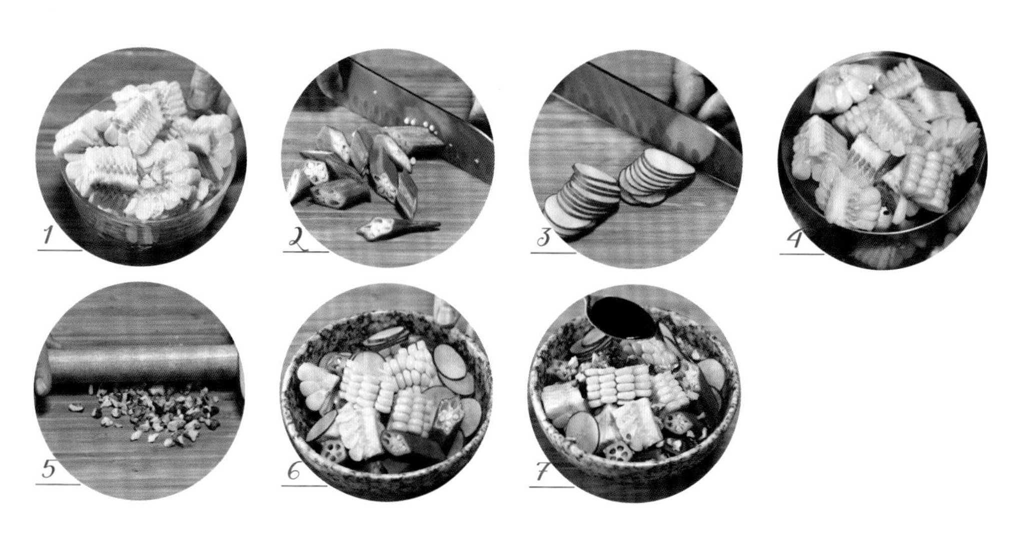

做法

1. 粟米洗淨後切成小塊。
2. 秋葵洗淨，斜刀切段。
3. 櫻桃蘿蔔洗淨，切片。
4. 起鍋，加 500 毫升水燒開，分別放入粟米塊和秋葵段，中火氽熟後盛出瀝水。
5. 合桃仁用擀麵杖碾碎。
6. 取一容器，放入粟米塊、秋葵塊、櫻桃蘿蔔片。
7. 撒上合桃碎，淋上日式油醋汁即可。

營養貼士

秋葵低熱量、低脂肪、高水分，含有的營養元素種類較多，食用價值很高，也是適合減肥期食用的食材之一。

雙重酸甜

雙色番茄沙律

20 分鐘　簡單

材料

黃番茄 30 克 | 紅番茄 30 克 | 芝士 20 克 | 杏仁碎 20 克 | 苦菊葉 50 克

輔料

現磨黑胡椒碎適量 | 百里香碎 2 茶匙 | 意式油醋汁 30 毫升

食材	參考熱量
番茄 60 克	12 千卡
芝士 20 克	66 千卡
苦菊葉 50 克	28 千卡
杏仁 20 克	116 千卡
意式油醋汁 30 毫升	18 千卡
合計	240 千卡

特色

紅番茄、黃番茄，最純的色彩，最好的搭檔，給你最多的維他命 C ！

索引

意式油醋汁 / 第 16 頁

1

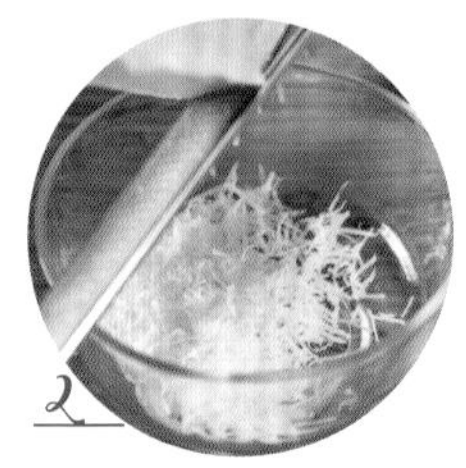
2

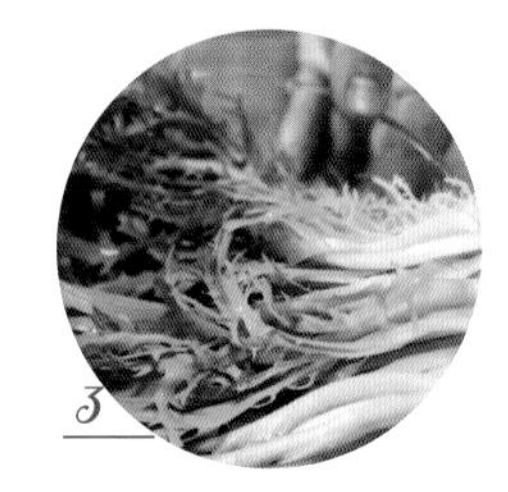
3

4

做法

1. 雙色番茄洗淨，對半切開。圖 1
2. 芝士刨成細絲。圖 2
3. 苦菊葉洗淨，瀝水備用。圖 3
4. 取一容器，鋪上苦菊葉，上面鋪上雙色番茄塊、杏仁碎。
5. 撒上芝士絲、百里香碎和適量的黑胡椒碎。
6. 淋上意式油醋汁即可。圖 4

營養貼士

每天食用 50~100 克的鮮番茄，便可滿足人體對多種維他命及礦物質的需求。

烹飪秘笈

如果想添加不同的風味，也可以將普通芝士換成風味芝士小塊。

紅蘿蔔椰菜沙律

25 分鐘　簡單

材料

紅蘿蔔 1 根（約 110 克）|
椰菜 100 克 | 粟米脆片 50 克

輔料

大蒜粉 2 茶匙 | 橄欖油 1 茶匙 |
紅椒粉 1 茶匙 | 鹽適量 |
意式油醋汁 20 毫升

食材	參考熱量
紅蘿蔔 110 克	43 千卡
椰菜 100 克	24 千卡
粟米脆片 50 克	183 千卡
意式油醋汁 20 毫升	12 千卡
合計	262 千卡

特色

過油煸炒的紅蘿蔔絲去除了原有的生澀味，和椰菜搭配，既飽肚又不用擔心長肉。

索引

意式油醋汁 / 第 16 頁

1

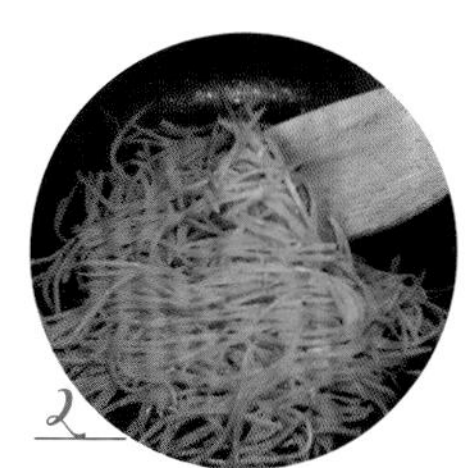
2

3

4

做法

1. 紅蘿蔔洗淨、去皮、切絲。椰菜洗淨、切絲。圖 1
2. 起油鍋，放入適量橄欖油，放入紅蘿蔔絲煸炒。
3. 放入大蒜粉、紅椒粉和適量鹽，煸炒均勻後出鍋。圖 2
4. 取一容器，放入椰菜絲、紅蘿蔔絲。
5. 撒上粟米脆片。圖 3
6. 淋上適量的意式油醋汁即可。圖 4

營養貼士

椰菜含有豐富的水分和膳食纖維，食用之後能產生明顯的飽腹感；同時，它還含有豐富的葉酸，對孕婦來說是理想的健康食品。

烹飪秘笈

紅蘿蔔中的脂溶性維他命，只有經過用油煸炒以後，才能更好地被人體吸收。

精緻素食

藜麥蘆筍全素沙律

30分鐘 簡單

特色

雖然全素，但是僅藜麥一種食材就可以滿足人體的多種營養需求，更別提還加上多種健康的蔬菜了，能讓你的身體充滿能量！

材料

藜麥 50 克 | 蘆筍 100 克 | 西蘭花 100 克 | 紅蘿蔔 50 克 | 粟米粒 50 克 | 番茄 50 克

輔料

鹽少許 | 橄欖油 1 茶匙 | 千島醬 30 毫升

索引

千島醬 / 第 18 頁

烹飪秘笈

這道沙律的食材不拘一格，但因為是全素沙律，食材的處理應儘量以汆燙為主，能夠使口感更加清爽。你可隨喜好，加入各種菌菇和可以直接生食的食材。

食材	參考熱量
藜麥 50 克	184 千卡
蘆筍 100 克	22 千卡
西蘭花 100 克	36 千卡
紅蘿蔔 50 克	20 千卡
粟米粒 50 克	56 千卡
番茄 50 克	10 千卡
千島醬 30 毫升	143 千卡
合計	471 千卡

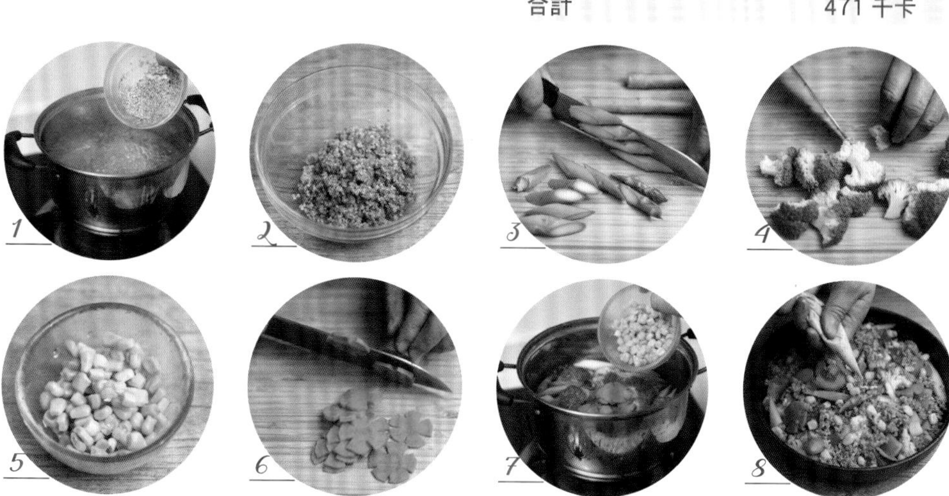

做法

1. 小鍋加 500 毫升水、幾滴橄欖油和少許鹽，煮沸；藜麥洗淨瀝乾，放入沸水中，小火煮 15 分鐘。
2. 將煮好的藜麥撈出，瀝乾水分，放入沙律碗中備用。
3. 蘆筍洗淨，切去老化的根部，斜切成 2 厘米左右的段。
4. 西蘭花洗淨，去梗，切分成適口的小朵。
5. 急凍粟米粒用冷水沖去冰塊，瀝乾水分。
6. 紅蘿蔔洗淨、去根，切成薄片後再用蔬菜切模切出花朵狀。
7. 將蘆筍、西蘭花、急凍粟米粒和紅蘿蔔片一起放入煮沸的淡鹽水中，煮至水再次沸騰即可關火，撈出食材，瀝乾水分，晾涼。
8. 番茄去蒂、洗淨，切成小塊，與汆燙過的蔬菜一起放入裝有藜麥的沙律碗中，翻拌均勻，擠上千島醬即可。

營養貼士

紅蘿蔔富含紅蘿蔔素、維他命、花青素、鈣、鐵等營養成分，經常食用可以有效降低膽固醇，預防心臟疾病和腫瘤。

夏日裏的涼風

和風海帶蕎麥麵沙律

30 分鐘　中等

材料

蕎麥麵 100 克 | 小海帶結 20 克 | 蟹腿菇 15 克 | 菠菜 50 克

輔料

辣椒油少許 | 生抽 2 湯匙 | 味醂 2 湯匙 | 清酒 1 湯匙 | 熟白芝麻 1 茶匙

特色

涼爽的蕎麥麵是炎炎夏日的標配，別看是全素的配菜，但各有各的鮮味，組合在一起，妙不可言！

烹飪秘笈

將剛煮好的蕎麥麵泡在冰水裏，可以使麵條保持彈牙的口感。

食材	參考熱量
蕎麥麵 100 克	340 千卡
海帶結 20 克	3 千卡
蟹腿菇 15 克	5 千卡
菠菜 50 克	14 千卡
合計	362 千卡

做法

1. 海帶結、蟹腿菇、菠菜洗淨，瀝水備用。
2. 起鍋，加 500 毫升水燒開，放入蕎麥麵，中火煮 5 分鐘，盛出瀝水。
3. 將麵泡在冰水裏備用。
4. 起鍋，加 500 毫升水燒開，分別放入小海帶結、蟹腿菇、菠菜，中火煮熟，盛出瀝水。
5. 取一奶鍋，中火加熱，放入生抽、味醂、清酒及適量清水，燒開後離火放涼備用。
6. 取一盤子，用筷子或叉子將蕎麥麵盤成小份，放入盤中。
7. 在蕎麥麵上放上小海帶結、蟹腿菇和菠菜。
8. 撒上適量熟白芝麻，淋上醬汁和辣椒油即可。

營養貼士

海帶含有大量的不飽和脂肪酸及膳食纖維，可以清除血管壁上多餘的膽固醇。

蘋果的西式吃法

肉桂蘋果三文治

30 分鐘　中等

材料

蘋果半個（約 80 克）| 葡萄乾 20 克 |
檸檬半個（約 30 克）|
軟歐包切片 2 片（約 70 克）

輔料

肉桂粉 2 茶匙 | 紅糖 1 湯匙 |
冧酒 5 毫升 | 牛油 15 克

特色

如果喜歡蘋果批裏的肉桂香味，那就一定要來試試這款簡化版的蘋果三文治。

烹飪秘笈

在蘋果片盛出來之前可以用大火收一下汁，這樣做出來的肉桂蘋果口感更好。

食材	參考熱量
蘋果 80 克	43 千卡
葡萄乾 20 克	69 千卡
檸檬 30 克	10 千卡
軟歐包切片 70 克	207 千卡
牛油 15 克	133 千卡
合計	**462 千卡**

1

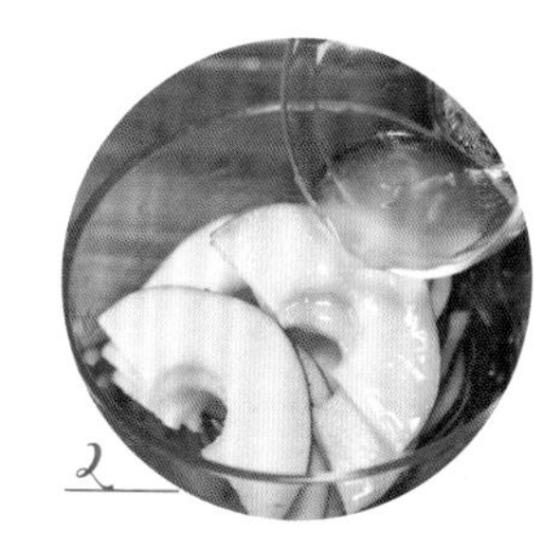
2

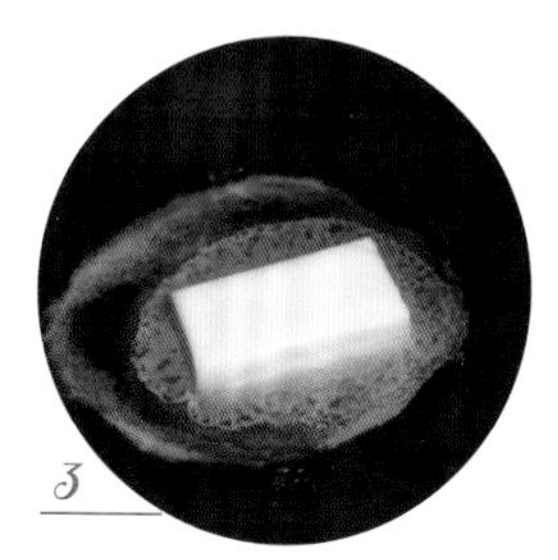
3

4

5

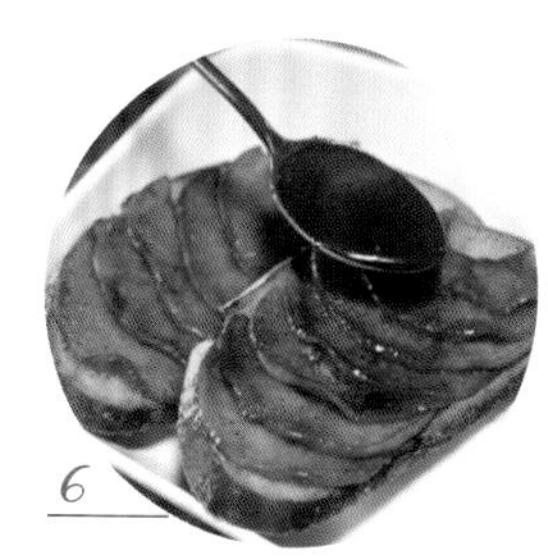
6

做法

1. 檸檬榨汁。蘋果洗淨、去核、切片備用。
2. 取一容器，放入蘋果片，淋上部分檸檬汁，醃 10 分鐘。
3. 取一平底鍋，放入牛油後，中火加熱。
4. 待牛油融化後，放入蘋果片煸炒。
5. 加葡萄乾、肉桂粉、紅糖、冧酒以及剩餘的檸檬汁繼續煸炒，至蘋果片呈焦糖色後盛出。
6. 取一片軟歐包，依次放上肉桂蘋果片，淋上鍋中剩餘的肉桂蘋果醬汁，另一片麵包也同樣操作。

營養貼士

肉桂粉是桂皮磨成的粉末，有痛經困擾的女性可以經常吃一些含有肉桂的食物。

簡單卻好吃

牛油果三文治

15 分鐘 簡單

材料

牛油果半個（約 100 克）| 雞蛋 1 個（約 50 克）| 火腿 2 片（約 60 克）| 多士 3 片（約 180 克）

輔料

現磨黑胡椒碎 5 克 | 鹽 1 茶匙

特色

當你學會了做牛油果三文治，只要 15 分鐘就能獲得一份營養早餐。

烹飪秘笈

如果喜歡溏心蛋的口感，可以適當減少煮蛋的時間。

食材	參考熱量
牛油果 100 克	161 千卡
雞蛋 50 克	72 千卡
火腿 60 克	70 千卡
多士 180 克	500 千卡
合計	**803 千卡**

做法

1. 起鍋，加 500 毫升水燒開，放入雞蛋，中火煮 8 分鐘，盛出瀝水，剝殼。
2. 牛油果去皮、去核、切塊。
3. 取一容器，放入牛油果塊、雞蛋，用勺子將食材搗碎。
4. 放入適量鹽和黑胡椒碎，攪拌均勻。
5. 取一片多士，均勻地抹上牛油果雞蛋。
6. 蓋上一片多士，放上 2 片火腿，再蓋上剩餘的多士。
7. 用刀將三文治呈十字切成四份即可。

營養貼士

牛油果含豐富的維他命 A、維他命 E 和維他命 B_2，這些營養成份對眼睛有好處，所以經常用眼的人應該多吃牛油果。

高顏值高營養

雙莓三文治

20 分鐘　簡單

材料
草莓 10 個（約 100 克）| 藍莓 10 個（約 20 克）| 多士 2 片（約 120 克）

輔料
淡奶油 50 毫升 | 白砂糖 10 克

特色
酸甜的草莓和藍莓，在濃郁的奶油襯托下，顯示格外清新爽口。

烹飪秘笈
草莓要選擇個頭大小適中的品種，切出來的三文治才好看。

食材	參考熱量
草莓 100 克	32 千卡
藍莓 20 克	10 千卡
多士 120 克	333 千卡
淡奶油 50 毫升	175 千卡
白砂糖 10 克	40 千卡
合計	**590 千卡**

做法
1. 將草莓、藍莓分別洗淨，瀝水備用。
2. 草莓去蒂後，將其中 5 個切碎。
3. 取一容器，放入淡奶油，加適量白砂糖，打發至淡奶油呈凝固不流動狀態。
4. 加入草莓碎攪拌均勻。
5. 多士切掉四周的邊後，取其中一片抹 0.5 厘米厚的草莓奶油。
6. 依次放上剩餘的草莓和藍莓。
7. 再抹上剩餘的草莓奶油，將水果之間的空隙全部填滿。
8. 蓋上另一片多士，放冰箱冷藏 10 分鐘，吃時對半切開即可。

營養貼士
草莓含豐富的維他命 C 和膳食纖維，它還是痤瘡的天敵，所以女性應該經常吃些草莓。

春天的色彩

烤彩椒三文治

20 分鐘　簡單

材料

紅甜椒 1/4 個（約 10 克）| 黃甜椒 1/4 個（約 10 克）| 洋葱 1/4 個（約 20 克）| 厚多士 1 片（約 60 克）| 馬蘇里拉芝士 50 克

輔料

鹽適量 | 現磨黑胡椒碎適量

特色

甜甜軟軟的烤彩椒和洋葱，撒上馬蘇里拉芝士，在焗爐中慢慢地焗出了春天的滋味。

烹飪秘笈

彩椒經過烘烤後很容易剝皮，而且口感會更好。

食材	參考熱量
甜椒 20 克	5 千卡
洋葱 20 克	8 千卡
厚多士 60 克	126 千卡
馬蘇里拉芝士 50 克	173 千卡
合計	312 千卡

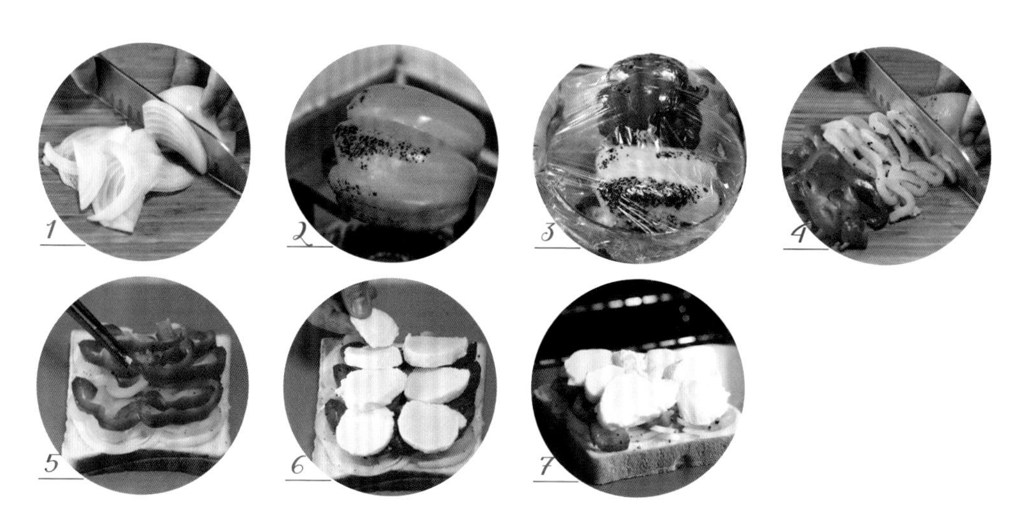

做法

1. 彩椒洗淨，瀝水備用。洋葱洗淨、去皮、切絲。
2. 爐灶開中火，將彩椒直接放爐灶上烘烤，至表皮完全變成黑色後關火。
3. 用保鮮紙將烤好的彩椒包好，放置 5 分鐘。
4. 剝去彩椒皮後，沖洗乾淨，切片備用。
5. 取厚多士片，平鋪上洋葱絲後，放上彩椒片。
6. 撒適量的鹽、黑胡椒碎以及馬蘇里拉芝士。
7. 焗爐預熱 180℃，將厚多士放入焗爐，焗 10 分鐘後取出即可。

營養貼士

洋葱能幫助人體降血壓，因此經常食用洋葱對患有高血壓、高脂血症和心腦血管的人有保健作用。

馬鈴薯的另類做法

香草薯蓉三文治

20 分鐘　中等

材料

羅勒 10 克 | 百里香 10 克 | 紫蘇葉 2 片（約 1 克）| 洋葱 1/4 個（約 20 克）| 馬鈴薯 1 個（約 200 克）| 多士 3 片（約 180 克）

輔料

薑黃粉 2 茶匙 | 大蒜粉 1 茶匙 | 鹽適量

特色

平凡的馬鈴薯在各種香草的疊加下，有了另一種別樣的風味。

烹飪秘笈

香草的品種有很多，可以任意替換成你喜歡的品種，如檸檬草、鼠尾草等。

食材	參考熱量
馬鈴薯 200 克	154 千卡
洋葱 20 克	8 千卡
羅勒 10 克	3 千卡
百里香 10 克	0 千卡
紫蘇葉 1 克	1 千卡
多士 180 克	500 千卡
合計	**666 千卡**

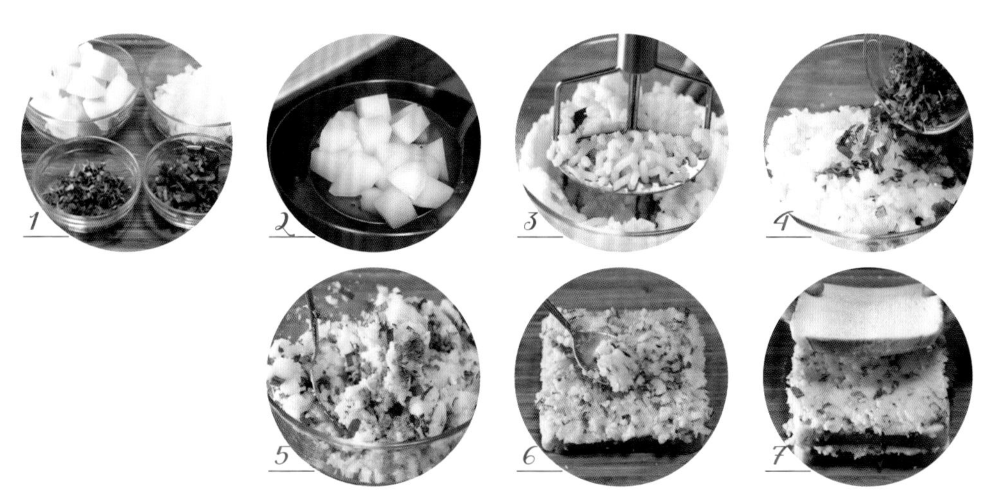

做法

1. 羅勒和百里香洗淨，切碎。洋葱洗淨，去皮，切丁。馬鈴薯洗淨，去皮，切塊備用。
2. 起鍋，加 500 毫升水燒開，放入馬鈴薯，中火煮 8 分鐘，盛出瀝水。
3. 馬鈴薯放入料理機中攪拌成薯蓉。
4. 放入切碎的羅勒、百里香以及洋葱丁。
5. 放入薑黃粉、大蒜粉、適量鹽攪拌均勻。
6. 取一片多士，放上一片紫蘇葉後再抹上香草薯蓉。
7. 蓋上一片多士後，同樣放一片紫蘇葉及抹上香草薯蓉，蓋上剩餘的多士。
8. 焗爐預熱 180℃，將香草薯蓉三文治放入焗爐，烤 3 分鐘後取出即可。

營養貼士

紫蘇葉可以解熱、發汗，吃些紫蘇葉可以有效治療風寒感冒。

素食做出肉味

蒟蒻三文治

25 分鐘 簡單

材料
蒟蒻 80 克 | 蘑菇 5 個（約 30 克）| 豆苗 20 克 | 多士 2 片（約 120 克）

輔料
生抽 1 湯匙 | 老抽 1 茶匙 | 白砂糖 2 湯匙 | 鹽 1 茶匙 | 生粉 5 克 | 油適量

特色
煎過的蒟蒻隱隱透着一絲肉香，誰説吃素就沒有好味道？

烹飪秘笈
蒟蒻的口味可根據自己的喜好調整，如糖醋、椒鹽或咖喱口味等。

食材	參考熱量
蒟蒻 80 克	16 千卡
蘑菇 30 克	7 千卡
豆苗 20 克	6 千卡
多士 120 克	333 千卡
合計	**362 千卡**

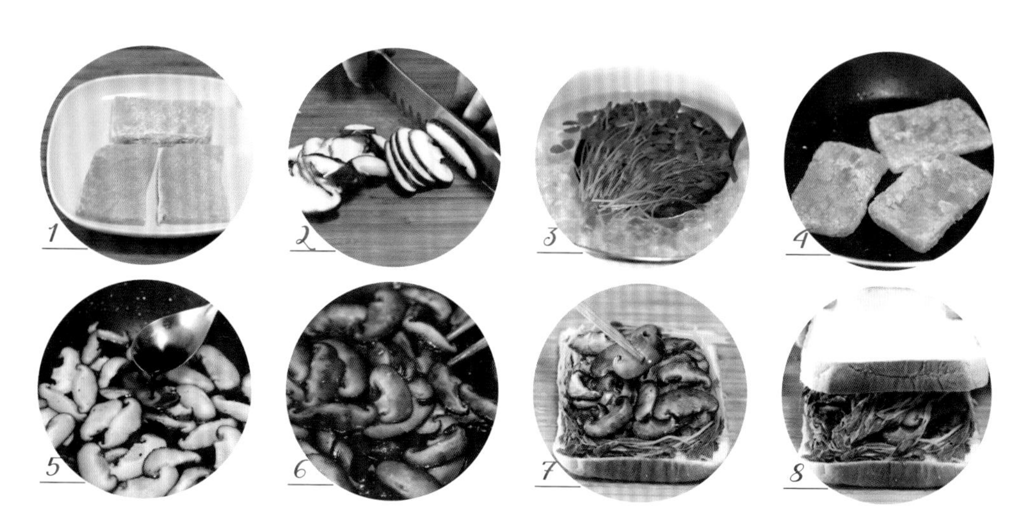

做法
1. 蒟蒻洗淨，切片，蘸適量的生粉備用。
2. 蘑菇洗淨，切片。豆苗洗淨。
3. 起鍋，加 500 毫升水燒開，放入豆苗，中火汆 30 秒，盛出瀝水。
4. 取一平底鍋，放入適量油，中火加熱，將蒟蒻排平鋪在鍋內，煎至兩面金黃。
5. 另起油鍋，放入蘑菇片煸炒，放入生抽、老抽、白砂糖、鹽以及適量的清水。
6. 開中火燒至醬汁濃稠後關火盛出。
7. 取一片多士，鋪上適量的豆苗後再放上炒好的蒟蒻和蘑菇片。
8. 鋪上剩餘的豆苗後，蓋上另一片多士即可。

營養貼士
蒟蒻素有「胃腸清道夫」之稱，能延緩葡萄糖的吸收，有效地降低餐後血糖，非常適合高血糖的人食用。

番茄菠菜芝士三文治

25 分鐘  簡單

材料

番茄 1 個（約 165 克）| 菠菜 80 克 |
芝士 30 克 | 熟松子仁 10 克 |
厚多士 1 片（約 60 克）

輔料

鹽適量 | 橄欖油適量 | 現磨黑胡椒碎適量

特色

滿滿的維他命 C 加豐富的蛋白質，即使是全素的三文治，也一樣能吃出厚實的感覺。

烹飪秘笈

番茄可以換成「千禧」之類的小番茄品種，味道會更甜。

食材	參考熱量
番茄 165 克	33 千卡
菠菜 80 克	22 千卡
芝士 30 克	98 千卡
熟松子仁 10 克	53 千卡
厚多士 60 克	126 千卡
合計	332 千卡

做法

1. 番茄洗淨、切片。菠菜洗淨、去蒂。
2. 芝士撕成小塊。
3. 起鍋，加 500 毫升水燒開，放入菠菜，中火煮 3 分鐘，盛出瀝水。
4. 取一容器，放入番茄片和菠菜。
5. 放入適量的鹽、橄欖油和黑胡椒碎，攪拌均勻。
6. 取厚多士片，鋪上攪拌好的番茄片和菠菜。
7. 均勻地撒上芝士和松子仁。
8. 焗爐預熱 180℃，將厚多士放入焗爐烤 5 分鐘即可。

營養貼士

菠菜含豐富的膳食纖維，經常便秘的人可以適當地多吃些菠菜幫助排便。

怎麼吃都不膩

爽脆蓮藕三文治

15 分鐘 簡單

材料

蓮藕 50 克 | 荷蘭豆 20 克 | 千張豆腐 10 克 | 法式麵包 1 個（約 100 克）

輔料

醋 2 茶匙 | 白砂糖 2 茶匙 | 生抽 1 湯匙 | 油適量

食材	參考熱量
蓮藕 50 克	37 千卡
荷蘭豆 20 克	6 千卡
千張豆腐 10 克	17 千卡
法式麵包 100 克	240 千卡
合計	300 千卡

特色

糖醋蓮藕做成三文治中的餡料，你會不會愛上它？

烹飪秘笈

為了保持蔬菜的爽脆口感，可以適當調大火候，將蓮藕和千張豆腐迅速爆炒出鍋。

1

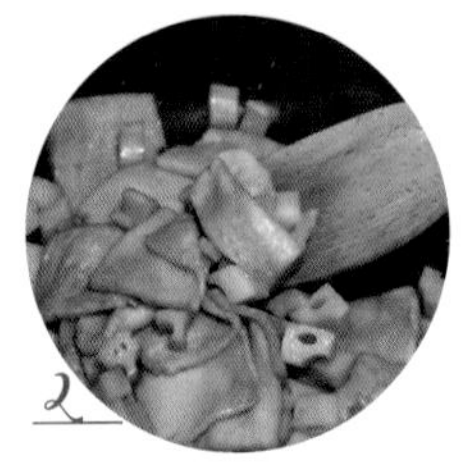

2

3

4

做法

1. 蓮藕洗淨，去皮，切小塊。荷蘭豆洗淨、去蒂。千張豆腐切片。圖 1
2. 起鍋，加 500 毫升水燒開，分別放入荷蘭豆、千張豆腐，中火煮熟，盛出瀝水。
3. 取一平底鍋，放適量油，中火加熱，放入蓮藕塊和千張豆腐煸炒，放入生抽、白砂糖、醋及適量清水，繼續煸炒。
4. 待鍋內醬汁濃稠後開大火收汁盛出。圖 2
5. 法式麵包縱向剖開。圖 3
6. 依次放上荷蘭豆、炒好的糖醋蓮藕及千張豆腐即可。圖 4

營養貼士

高脂血症或心血管病患者應該經常吃些蓮藕，它能幫助我們降低膽固醇。

Chapter 5

穀物、豆類、堅果

這樣配搭最贊

烤粟米藜麥沙律

30 分鐘　中等

材料

粟米 1 根（約 130 克）| 藜麥 50 克 | 蝦仁 20 克 | 雜錦生菜 100 克

輔料

孜然粉 2 茶匙 | 鹽適量 | 意式油醋汁 20 毫升 | 牛油 15 克

特色

被稱為「網紅沙律神物」的藜麥和金黃的烤粟米搭在一起，透著清新的穀物香，美味無負擔。

烹飪秘笈

如果家裏有焗爐，也可以在給粟米調味後用錫紙包裹，放入焗爐 200℃烤 20 分鐘左右。

食材	參考熱量
粟米 130 克	148 千卡
藜麥 50 克	184 千卡
蝦仁 20 克	10 千卡
雜錦生菜 100 克	16 千卡
牛油 15 克	133 千卡
意式油醋汁 20 毫升	12 千卡
合計	**503 千卡**

做法

1. 粟米、蝦仁及雜錦生菜洗淨，瀝水備用。
2. 蒸鍋放入 500 毫升水燒開後，將藜麥放入蒸鍋，蒸 15 分鐘後取出備用。
3. 起鍋，加 500 毫升水燒開，放入蝦仁，放入適量鹽，中火煮 3 分鐘，盛出瀝水。
4. 取一平底鍋，放入牛油，中火加熱。
5. 等牛油完全融化後，放入粟米，撒適量鹽和孜然粉，邊烤邊用勺子將牛油澆到粟米上，單面微焦後順時針轉面繼續烤，直至粟米全部烤熟。
6. 將烤好的粟米切成段。
7. 取一容器，放入雜錦生菜、烤粟米、蝦仁，撒上藜麥。
8. 淋上意式油醋汁即可。

營養貼士

藜麥所含蛋白質的品質和含量可以與肉類媲美，是素食者的極佳選擇，同時也是大米等穀物的優質代替品。

索引

意式油醋汁 / 第 16 頁

15 分鐘搞定

西葫蘆燕麥沙律

15 分鐘　中級

特色

西葫蘆捲上各種細絲和蛋黃醬吞拿魚，再撒上燕麥，高級感的餐前菜其實做起來一點也不難！

材料

西葫蘆 100 克 | 紅蘿蔔半根（約 55 克）| 黃甜椒 1/2 個（約 25 克）| 燕麥 60 克 | 水浸吞拿魚罐頭 1/2 罐

輔料

芝士粉適量 | 大蒜粉 2 茶匙 | 橄欖油適量 | 蛋黃醬 20 毫升 | 鹽少許

烹飪秘笈

全素沙律中的蔬菜可換成自己喜歡的其他蔬菜，以根莖類和菌菇類為佳。

食材	參考熱量
農家燕麥片 30 克	113 千卡
紅蘿蔔 50 克	20 千卡
西葫蘆 100 克	19 千卡
急凍粟米粒 100 克	327 千卡
意式油醋汁 30 毫升	18 千卡
合計	**497 千卡**

做法

1. 西葫蘆洗淨，瀝水，縱向剖成長薄片。紅蘿蔔洗淨，去皮，切絲。黃甜椒洗淨，切絲。
2. 焗爐預熱 200℃，把燕麥平鋪在烤盤中，放入焗爐烤 10 分鐘，取出放涼。
3. 取一容器，放入吞拿魚，加入蛋黃醬攪拌均勻。
4. 取一平底鍋，放入適量的橄欖油，放入紅蘿蔔絲，中火煸炒 3 分鐘後盛出。
5. 取一平底鍋，放入適量的橄欖油，放入西葫蘆片，撒適量鹽，中火煎 3 分鐘，翻面，繼續中火煎 3 分鐘後盛出，放入墊有吸油紙的盤中備用。
6. 取一容器，將大蒜粉、橄欖油、鹽調成沙律汁。
7. 取一片西葫蘆片，平鋪上適量的紅蘿蔔絲、黃甜椒絲，用勺子舀適量的吞拿魚沙律，捲成小卷，將捲好的西葫蘆卷放入盤中。
8. 澆上調好的沙律汁，撒上燕麥和芝士粉即可。

營養貼士

蔬菜的處理方式除了油炒之外，也可以採用清煮的方式，口感雖然會略遜一籌，但熱量也會降低。

索引

意式油醋汁 / 第 16 頁

素食也營養

煮燕麥全素沙律

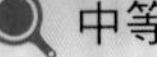

35 分鐘　中等

材料

燕麥片 30 克 | 紅蘿蔔 50 克 |
西葫蘆 100 克 | 急凍粟米粒 100 克

輔料

橄欖油 2 茶匙 | 意式油醋汁 4 茶匙 |
現磨黑胡椒少許 | 鹽少許

特色

僅用燕麥搭配各色蔬菜，點綴以健康的橄欖油，雖然是全素，卻口感豐富，營養均衡，也能吃得飽，吃得好。

索引

意式油醋汁 / 第 16 頁

烹飪秘笈

全素沙律中的蔬菜可換成自己喜歡的其他蔬菜，以根莖類和菌菇類為佳。

食材	參考熱量
燕麥片 30 克	113 千卡
紅蘿蔔 50 克	20 千卡
西葫蘆 100 克	19 千卡
急凍粟米粒 100 克	327 千卡
意式油醋汁 30 毫升	18 千卡
合計	497 千卡

做法

1. 將燕麥片洗淨，提前用清水浸泡 2 小時。
2. 將泡好的燕麥片放入沸水中，小火熬煮 15 分鐘左右，撈出，瀝幹水分備用。
3. 紅蘿蔔洗淨，切成 1 厘米左右的小丁。
4. 西葫蘆洗淨，切去頂端，切成 1.5 厘米左右的小丁。
5. 鍋中燒熱橄欖油，放入紅蘿蔔丁，小火翻炒 1 分鐘左右。
6. 加入西葫蘆，中火翻炒 1 分鐘，撒少許鹽和現磨黑胡椒，關火。
7. 急凍粟米粒放入開水中煮 1 分鐘左右，撈出瀝幹水分。
8. 將煮好的燕麥片、粟米粒，和炒好的蔬菜一起放入沙律碗，加入意式油醋汁即可。

營養貼士

蔬菜的處理方式除了油炒之外，也可以採用清煮的方式，口感雖然會略遜一籌，但熱量也會降低。

蜜瓜火腿薏米沙律

20分鐘　簡單

材料

哈密瓜100克 | 生火腿6片（約30克）|
薏米 30 克 | 菊苣 50 克

輔料

乳酪粉 10 克 | 鹽適量

特色

這道菜是義大利菜經典中的經典，但做起來卻不難。多汁的蜜瓜襯托出火腿的鹹鮮，鹹甜的滋味平衡得剛剛好。

烹飪秘笈

蜜瓜也可以替換成其他你喜歡的水果食材，只要質地爽脆，甜度適中就行。

食材	參考熱量
哈密瓜 100 克	34 千卡
生火腿片 30 克	44 卡
薏米 30 克	108 千卡
菊苣 50 克	10 千卡
合計	**196 千卡**

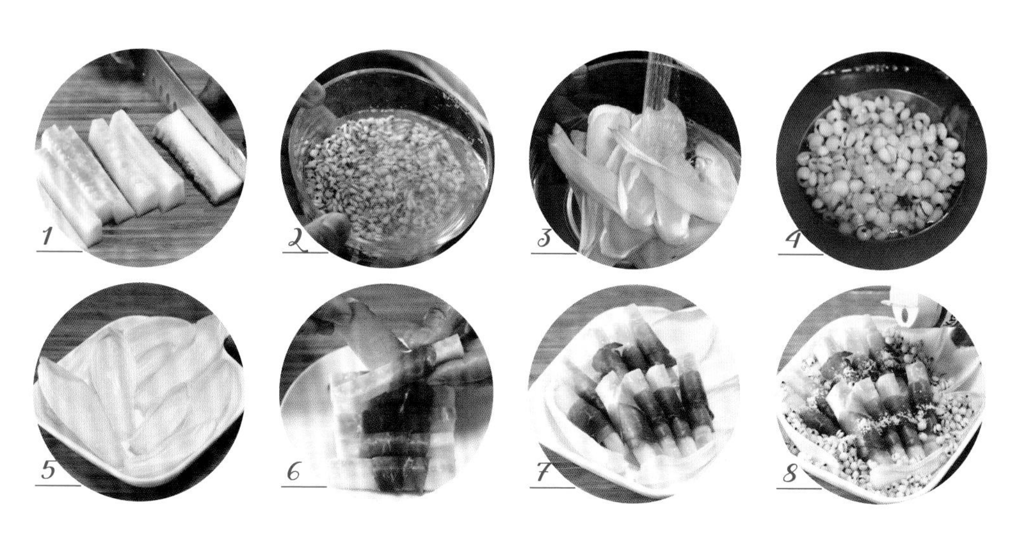

做法

1. 哈密瓜去皮，切條。
2. 薏米洗淨，瀝水備用。
3. 菊苣洗淨，瀝水備用。
4. 薏米放入鍋中，加500毫升水，大火煮沸後，加適量鹽，轉小火煮 20 分鐘，瀝水備用。
5. 取一沙拉盤，將菊苣鋪盤中。
6. 將蜜瓜條用生火腿包裹，捲成小卷。
7. 將火腿蜜瓜卷依次放入盤中。
8. 撒上薏米以及適量的乳酪粉即可。

營養貼士

薏米可以幫助人體祛濕，遠離浮腫困擾，所以在夏季可以經常吃些薏米，幫助體內祛濕。

來自北非的法餐

北非小米沙律

45 分鐘　簡單

材料

北非小米 100 克 | 南瓜 150 克 | 生火腿片 3 片（約 15 克） | 紅菊苣 50 克 | 菊苣 50 克

輔料

紅椒粉 2 茶匙 | 鹽適量 | 孜然粉 2 茶匙 | 橄欖油適量 | 意式油醋汁 30 毫升

食材	參考熱量
北非小米 100 克	354 千卡
南瓜 150 克	35 千卡
生火腿片 15 克	22 千卡
菊苣 100 克	20 千卡
意式油醋汁 30 毫升	18 千卡
合計	**449 千卡**

特色

這道沙律來自非洲，卻廣受法國人的喜愛，北非小米沙律的魅力只有吃了才知道！

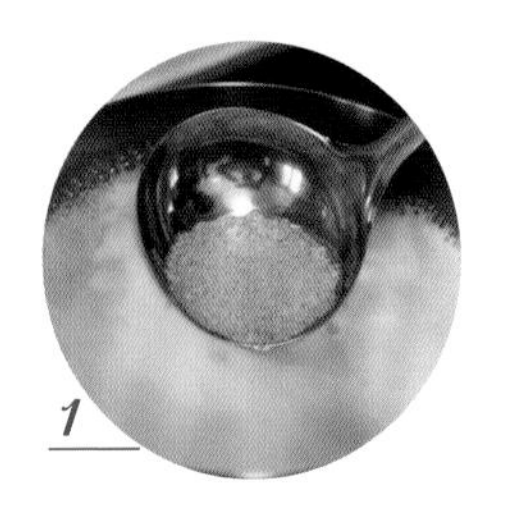
1

2

3

4

做法

1. 南瓜洗淨，去皮，切塊。火腿撕成小片。菊苣洗淨，瀝水備用。
2. 北非小米放入鍋中，放入 1：1 的水，大火煮沸後，轉小火煮 15 分鐘後取出。圖 1
3. 焗爐預熱 200℃，將南瓜塊放入烤盤，抹適量橄欖油，撒適量紅椒粉、鹽、孜然粉，烤 30 分鐘。圖 2
4. 取一容器，將紅菊苣和菊苣鋪在碗中。
5. 放入烤南瓜塊和火腿片，撒上北非小米。圖 3
6. 淋上意式油醋汁即可。圖 4

營養貼士

北非小米是一種粗糧，含有豐富的不可溶性膳食纖維，腸胃不好的人可以經常吃，有助消化。

烹飪秘笈

如果家裏沒有焗爐，也可將南瓜切成片，用平底鍋煎熟。

索引

意式油醋汁 / 第 16 頁

春天的芭蕾

煙燻三文魚冰草甜粟米沙律

20 分鐘　簡單

材料

煙燻三文魚 100 克 | 冰草 100 克 | 鮮粟米粒 30 克

輔料

鹽適量 | 日式油醋汁 30 毫升

食材	參考熱量
煙燻三文魚 100 克	224 千卡
冰草 100 克	34 千卡
鮮粟米粒 30 克	34 千卡
日式油醋汁 30 毫升	55 千卡
合計	347 千卡

特色

生鮮即食的冰草，夾雜着軟糯的煙燻三文魚，多層次的口感是不是你的選擇？

索引

日式油醋汁 / 第 17 頁

做法

1. 三文魚撕成小片。圖 1
2. 冰草洗淨，瀝水備用。圖 2
3. 起鍋，加 500 毫升水燒開，放入鮮粟米粒，放入適量鹽，中火煮 3 分鐘，盛出瀝水。圖 3
4. 取一容器，將冰草鋪在碗中。
5. 放入煙燻三文魚和粟米粒，淋上日式油醋汁即可。圖 4

營養貼士

冰草含豐富的植物鹽，夏天經常食用，可以幫助人體補充流失的鹽份和水分。

烹飪秘笈

為了節省時間，鮮粟米粒也可使用急凍粟米粒或粟米罐頭代替。

爽滑好滋味

紫菜納豆山藥蓉沙律

25 分鐘　簡單

材料

紫菜碎 30 克 | 山藥 50 克 | 芥蘭 30 克 | 納豆 50 克

輔料

生抽 2 湯匙 | 味醂 1 湯匙 | 清酒 1 湯匙

特色

清淡卻不失豐富的口感，這樣的和風沙律再多也能消化！

烹飪秘笈

清洗山藥之前把手放在稀釋過的醋水中泡一會兒，或者戴上手套，這樣就不會有手癢的煩惱了。

食材	參考熱量
紫菜碎 30 克	139 千卡
山藥 50 克	29 千卡
芥蘭 30 克	7 千卡
納豆 50 克	95 千卡
合計	**270 千卡**

做法

1. 山藥洗淨，去皮，磨成蓉。
2. 芥蘭洗淨，斜切成小塊。
3. 取一奶鍋，放入生抽、味醂、清酒和一杯清水，中火加熱 5 分鐘成醬汁。
4. 起鍋，加 500 毫升水燒開，放入芥蘭，中火煮 3 分鐘，盛出瀝水。
5. 取一容器，將芥蘭鋪在碗底，鋪上山藥蓉。
6. 納豆充分攪拌後，鋪在山藥蓉上。
7. 撒上紫菜碎。
8. 淋上調好的醬汁。

營養貼士

納豆可幫助人體排除體內多餘的膽固醇，所以有高脂血症困擾的人可以經常吃些納豆。

日耳曼風味

鷹嘴豆德式沙律

 1 晚 +30 分鐘 中等

特色

奇妙如鷹嘴般的小豆，卻蘊含了豐富的營養。配上噴香的德國白腸、水靈靈的小蘿蔔，再點綴上具有極濃芝麻香氣的菜葉，就是一份超級解饞又養眼的德式沙律。

材料

鷹嘴豆 50 克 | 櫻桃蘿蔔 100 克 | 芝麻菜 100 克 | 德式白腸 100 克

輔料

意式油醋汁 40 毫升

索引

意式油醋汁 / 第 16 頁

烹飪秘笈

- 櫻桃蘿蔔一定要切得足夠薄，具有透明感，才會非常好看，也更容易入味。
- 除了乾鷹嘴豆，也可以直接使用即食的鷹嘴豆罐頭來製作這道沙律。

食材	參考熱量
鷹嘴豆 50 克	158 千卡
櫻桃蘿蔔 100 克	20 千卡
芝麻菜 100 克	25 千卡
德式白腸 100 克	318 千卡
意式油醋汁 40 毫升	24 千卡
合計	**545 千卡**

做法

1. 鷹嘴豆用清水沖洗乾淨，然後用清水浸泡過夜。
2. 鍋中加入 3 倍於豆子體積的清水，將浸泡好的鷹嘴豆撈出，放入鍋中，大火煮沸後轉小火煮 10 分鐘。
3. 將煮好的鷹嘴豆撈出，瀝乾水分，放入沙律碗中。
4. 煮豆子的時間可以用來煎德式白腸：取平底鍋加熱，將德式白腸放入，邊煎邊轉動，直至外皮略呈金黃色，內部熟透，稍微晾涼備用。
5. 櫻桃蘿蔔洗淨，烘乾水分，不要蘿蔔葉，將蘿蔔切成 0.1 厘米極薄的圓形小片。
6. 芝麻菜洗淨，去除老葉和根部，切成 3 厘米左右的小段。
7. 將煎好的德式白腸切成 0.5 厘米左右厚、圓形的薄片。
8. 將鷹嘴豆、德式白腸、櫻桃蘿蔔和芝麻菜一併放入沙律碗中，淋上意式油醋汁即可。

營養貼士

鷹嘴豆含有豐富的植物蛋白質、膳食纖維、維他命和多種礦物質，在補血、補鈣等方面作用明顯，是貧血患者、發育期的青少年的極佳食品。

雜糧的魅力

黑豆小米開心果沙律

45 分鐘　中等

材料
黑豆50克 | 小米50克 | 芝麻菜50克 | 開心果 30 克

輔料
白砂糖 1 湯匙 | 生抽 2 湯匙 | 鹽少許 | 日式油醋汁 30 毫升

特色
以往它們都是沙律中的小配角，但當它們聚在一起時，也會爆發出巨大的美食能量！

烹飪秘笈
提前一天泡豆或用高壓鍋煮豆，都能讓黑豆更快地煮熟。

食材	參考熱量
黑豆 50 克	201 千卡
小米 50 克	181 千卡
芝麻菜 50 克	13 千卡
開心果 30 克	184 千卡
日式油醋汁 30 毫升	55 千卡
合計	**634 千卡**

做法
1. 黑豆洗淨，加水浸泡 30 分鐘。小米洗淨備用。芝麻菜洗淨，瀝水備用。
2. 開心果用擀麵杖碾成開心果碎。
3. 蒸鍋放入 500 毫升水燒開後，將小米放入蒸鍋，蒸 15 分鐘後取出備用。
4. 黑豆放入鍋中，放入 2 倍的水，大火煮沸後，轉小火煮半小時。
5. 放入白砂糖、鹽和生抽，繼續煮 15 分鐘後關火，瀝水備用。
6. 取一沙律碗，將芝麻菜鋪在盤中。
7. 放入醬煮黑豆和小米。
8. 撒上開心果碎，淋上日式油醋汁即可。

營養貼士
黑豆對烏髮養發有好處，因此有白髮或脫髮煩惱的人可以經常吃些黑豆，幫助自己的頭髮補充營養。

索引
日式油醋汁 / 第 17 頁

絢爛好心情

堅果彩虹沙律

25 分鐘　簡單

烹飪秘笈

山合桃也可以用普通的合桃代替。合桃與松仁一起用鍋焙一下會更香。

材料

芥末甜味花生醬 30 克 | 紫甘藍 100 克 | 生菜 100 克 | 紅蘿蔔 80 克 | 櫻桃小番茄（紅黃兩色）100 克

輔料

薄荷葉 10 克 | 松子仁 15 克 | 奶油味山合桃仁（成品）15 克

食材	參考熱量
芥末甜味花生醬 30 克	180 千卡
紫甘藍 100 克	25 千卡
生菜 100 克	16 千卡
紅蘿蔔 80 克	31 千卡
櫻桃小番茄 100 克	25 千卡
薄荷葉 10 克	3 千卡
松子仁 15 克	108 千卡
奶油味山合桃仁 15 克	93 千卡
合計	**481 千卡**

特色

紅橙黃綠紫，五顏六色的蔬菜鋪滿盤中，讓人看一眼就立刻擁有好心情，更別提它們豐富的口味和營養。山合桃與松仁的點綴，讓整道沙律的口感更具層次。

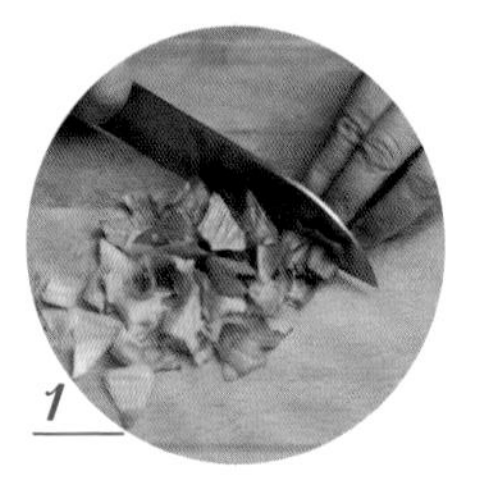
1

2

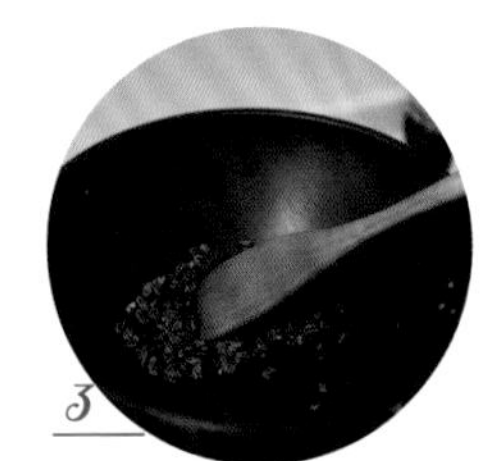
3

4

做法

1. 紫甘藍、生菜分別洗淨、切成適口小片。圖 1
2. 紅蘿蔔洗淨、去皮、切片。圖 2
3. 鍋中放入清水燒開，下入紅蘿蔔片燙煮至斷生後撈出。
4. 薄荷葉洗淨。櫻桃小番茄洗淨、去蒂後切片。
5. 平底鍋不放油燒熱，放入松仁小火焙香。圖 3
6. 將上述所有食材放入容器中，撒上山合桃仁，加入芥末花生醬拌勻即可。圖 4

營養貼士

松仁具有滋陰、潤肺、祛風、潤腸等功效，在宋朝就被視為「長生果」，作為重要的養生食材而備受人們喜愛。山合桃則可以潤肺平喘，養血補氣。

腰果香芋沙律

25 分鐘 簡單

材料

芋頭 100 克 | 櫻桃蘿蔔 30 克 | 腰果 30 克 | 球生菜 50 克

輔料

日式芝麻醬 30 毫升 | 鹽適量 | 檸檬半個

食材	參考熱量
芋頭 100 克	81 千卡
櫻桃蘿蔔 30 克	6 千卡
腰果 30 克	168 千卡
球生菜 50 克	8 千卡
日式芝麻醬 30 毫升	70 千卡
合計	**333 千卡**

特色

用「滿口生香」來形容這道沙律一點也不為過，脆脆的腰果和甜糯的芋頭形成了鮮明的對比，口感層次十分豐富。

索引

日式芝麻醬 / 第 19 頁

1

2

3

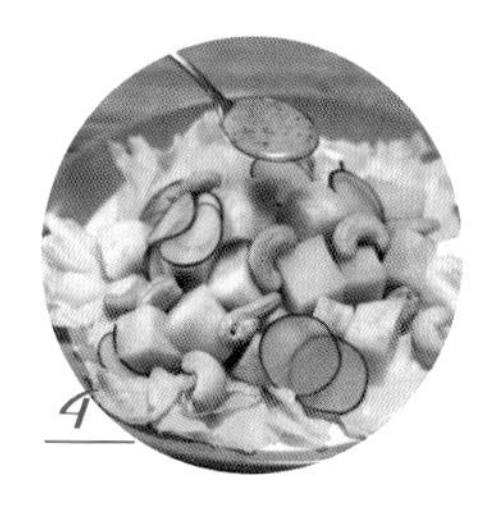
4

做法

1. 芋頭洗淨、去皮、切塊。櫻桃蘿蔔洗淨、切片。檸檬擠汁。球生菜洗淨。
2. 焗爐預熱 200℃，將腰果平鋪在烤盤裏，放入焗爐烤 5 分鐘。圖 1
3. 蒸鍋放入適量的水燒開後，將芋頭塊放入碗中，撒適量鹽，上蒸鍋蒸 15 分鐘後取出備用。圖 2
4. 取一容器，放入櫻桃蘿蔔，淋上檸檬汁拌勻。圖 3
5. 取一沙律碗，放入球生菜，上面放上芋頭塊和櫻桃蘿蔔。
6. 撒上腰果，淋上日式芝麻醬即可。圖 4

營養貼士

腰果含豐富的維他命 A，是天然的抗氧化劑，能使皮膚富有光澤。

烹飪秘笈

如果喜歡厚實的口感，可以選擇口感綿軟、質地扎實的荔浦芋頭。

中東風味的加餐

雞肉鷹嘴豆蓉三文治

25 分鐘　中等

特色

神奇的鷹嘴豆打成蓉，口感綿密鬆軟，帶有獨特的堅果香味，無論是作為蘸醬還是三文治的餡料，都是一等一的佳品！

材料

雞胸肉 50 克 | 鷹嘴豆罐頭 1/2 罐（約 150 克）| 茄子 30 克 | 多士 2 片（約 120 克）

輔料

咖喱粉 2 茶匙 | 鹽適量 | 黑胡椒碎 5 克 | 橄欖油 1 湯匙 | 日式芝麻醬 1 湯匙 | 檸檬汁 1 茶匙

索引

日式芝麻醬 / 第 19 頁

烹飪秘笈

如果喜歡顆粒的口感，在打鷹嘴豆蓉時可將部分鷹嘴豆和茄丁取出另外放，在後階段再重新拌入打好的鷹嘴豆蓉中。

食材	參考熱量
雞胸肉 50 克	67 千卡
鷹嘴豆罐頭 150 克	184 千卡
茄子 30 克	7 千卡
多士 120 克	333 千卡
合計	**591 千卡**

做法

1. 茄子洗淨，切丁。雞胸肉用廚房紙巾吸乾水分。
2. 雞胸肉撒適量鹽、黑胡椒碎，淋上檸檬汁，醃 10 分鐘。
3. 取一平底鍋加熱，倒入少許橄欖油，放入雞胸肉，雙面煎至金黃盛出。
4. 待雞肉稍冷卻後，斜切成片。
5. 另取一平底鍋加熱，倒入少許橄欖油，放入茄子丁，煸炒至茄丁金黃盛出。
6. 將茄丁、鷹嘴豆倒入料理機中，放咖喱粉、鹽、日式芝麻醬，打成蓉。
7. 多士放入麵包爐上烤 3 分鐘，烤至雙面金黃後取出。
8. 取一片多士，抹上咖喱茄子鷹嘴豆蓉，擺上雞胸肉，蓋上另一片多士，對角切開即可。

營養貼士

鷹嘴豆含人體必需的 8 種氨基酸，所以處於發育階段的青少年和需要強健骨骼的人都可以多吃點鷹嘴豆。

麻婆豆腐口袋三文治

30 分鐘　中等

材料

豆腐 100 克 | 肉碎 50 克 | 多士 2 片（約 120 克）

輔料

油 15 毫升 | 葱末 5 克 |
白胡椒粉 1 茶匙 | 生粉 1 茶匙 |
豆瓣醬 10 克 | 辣椒粉 2 茶匙 | 鹽適量

特色

把「川菜一絕」的麻婆豆腐做成三文治，味道可以如此特別！

烹飪秘笈

用來製作麻婆豆腐的豆腐要求有一定韌性，所以最好選用北豆腐，而內酯豆腐質地柔軟易碎，不太適合拿來做麻婆豆腐。

食材	參考熱量
豆腐 100 克	82 千卡
肉碎 50 克	106 千卡
多士 120 克	333 千卡
豆瓣醬 10 克	13 千卡
合計	**534 千卡**

做法

1. 起油鍋，放入肉碎，大火爆炒至熟後盛出。
2. 另起油鍋，放入炒好的肉碎和切好的豆腐塊，放入豆瓣醬、辣椒粉、鹽，加水沒過食材，開大火煮 3 分鐘。
3. 隨後放入豆腐塊，輕輕翻拌均勻。
4. 生粉加水調成芡汁，給麻婆豆腐勾芡。
5. 待汁水收乾後，散白胡椒粉和葱末出鍋。
6. 取一片多士，放入口袋三文治模具。
7. 加入炒好的麻婆豆腐，蓋上另一片多士。
8. 蓋上口袋三文治的另一半模具，用力向下壓，撕掉多餘的多士邊即可。

營養貼士

豆腐中的脂肪大多是不飽和脂肪酸，且不含任何膽固醇，是「三高」人群的理想食物。

吞拿魚合桃三文治

15 分鐘  簡單

材料

水浸吞拿魚罐頭 1/2 個（約 90 克）| 合桃仁 20 克 | 青瓜半根（約 60 克）| 多士 2 片（約 120 克）

輔料

蛋黃醬 20 毫升 | 鹽適量

特色

有吞拿魚、有蛋、有合桃，還需要你的好胃口！

索引

蛋黃醬 / 第 18 頁

烹飪秘笈

吞拿魚沙律可適當抹厚一點，厚度在 2 厘米左右。

食材	參考熱量
水浸吞拿魚罐頭 90 克	89 千卡
合桃仁 20 克	156 千卡
青瓜 60 克	10 千卡
多士 120 克	333 千卡
蛋黃醬 20 毫升	145 千卡
合計	**733 千卡**

做法

1. 取一容器，放入吞拿魚，加入蛋黃醬，攪拌均勻。
2. 焗爐預熱 150℃，將合桃仁放入烤盤中，撒適量的鹽，烤 3 分鐘，取出放涼。
3. 合桃仁用擀麵杖壓成合桃碎。
4. 青瓜洗淨，切片備用。
5. 多士切去四邊。
6. 取一片多士，塗抹吞拿魚沙律。
7. 撒上合桃仁碎，再塗抹吞拿魚沙律。
8. 擺上青瓜片，蓋上另一片多士，對角斜切即可。

營養貼士

吞拿魚肉中所含的脂肪酸為不飽和脂肪酸，是預防心血管疾病的理想食物。

合桃意大利軟芝士三文治

30 分鐘　中等

材料

合桃仁 30 克 | 意大利軟芝士 50 克 | 淡奶油 50 毫升 | 多士 3 片（約 180 克）

輔料

白砂糖 20 克

特色

香脆的合桃和蓬鬆感極佳的意大利軟芝士，是下午茶茶點的必備要素！

烹飪秘笈

意大利軟芝士要經過室溫軟化到用手指可以直接戳洞的程度才能使用。

食材	參考熱量
合桃仁 30 克	234 千卡
意大利軟芝士 50 克	182 千卡
淡奶油 50 毫升	175 千卡
多士 180 克	500 千卡
白砂糖 20 克	80 千卡
合計	**1171 千卡**

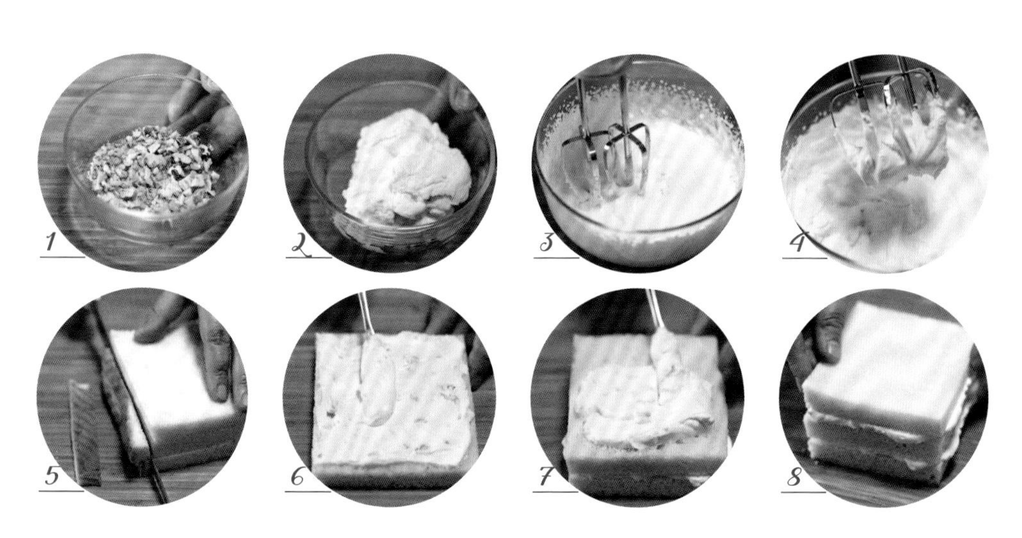

做法

1. 合桃仁用擀麵杖壓成合桃碎。
2. 意大利軟芝士在常溫下軟化。
3. 取一容器，倒入淡奶油，加白砂糖，用電動打蛋器將淡奶油打到五成發，表面有紋路。
4. 加入意大利軟芝士和合桃碎，繼續打發至八成發。
5. 多士切去四邊。
6. 取一片多士，塗抹合桃芝士奶油。
7. 蓋上一片多士，再塗抹合桃芝士奶油。
8. 蓋上剩下的多士即可。

營養貼士

合桃含豐富的ω-3脂肪酸，有補腦健腦作用，經常吃合桃可以有效降低阿爾茲海默症的發病率。

棉花糖花生三文治

15 分鐘　簡單

材料

熟花生仁 20 克 | 原味棉花糖 16 個（約 50 克）| 多士 2 片（約 120 克）

輔料

花生醬 30 克 | 榛子醬 30 克

特色

有誰能拒絕烤棉花糖的誘惑？一份烤棉花糖花生三文治，是給自己最好的獎勵！

烹飪秘笈

棉花糖要選擇大顆的，這樣做出來的三文治口感更綿柔，口味也可以根據自己的喜好替換成檸檬、草莓等其他口味的棉花糖。

食材	參考熱量
熟花生仁 20 克	118 千卡
原味棉花糖 50 克	154 千卡
多士 120 克	333 千卡
花生醬 30 克	180 千卡
榛子醬 30 克	163 千卡
合計	**948 千卡**

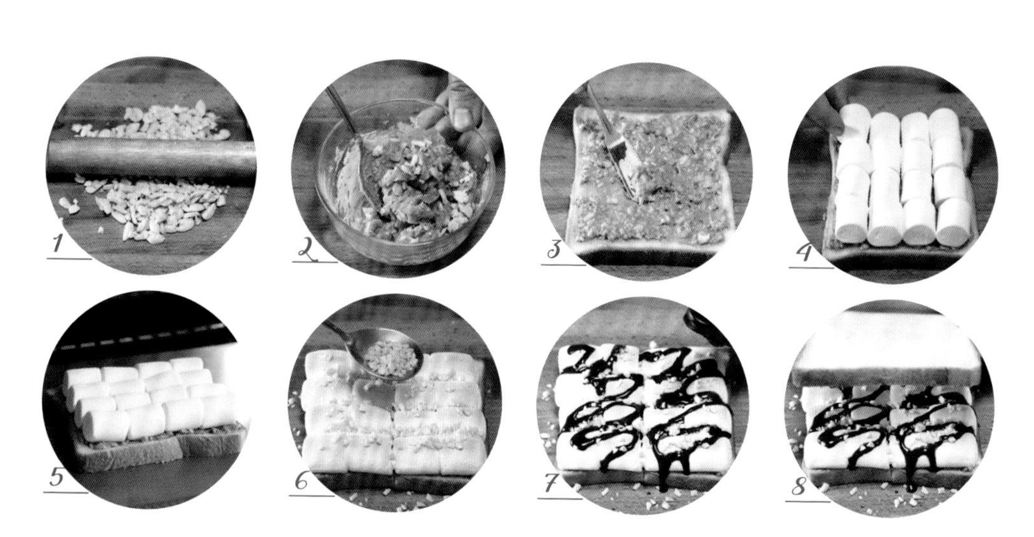

做法

1. 熟花生仁用擀麵杖壓成花生碎。
2. 取一容器，放入花生醬和部分花生碎，攪拌均勻。
3. 取一片多士，抹上花生醬。
4. 將棉花糖依次放在抹好花生醬的多士上。
5. 焗爐預熱 180℃，將多士放入焗爐，烤 5 分鐘，至棉花糖表面微焦黃、呈半軟化狀態後取出。
6. 撒上剩餘的花生碎。
7. 淋上榛子醬。
8. 放上另一片多士即可。

營養貼士

花生中含豐富的卵磷脂和腦磷脂，這是神經系統發育及活動所需要的重要物質，能幫助延緩腦功能衰退，增強記憶力。

朱古力堅果三文治

10 分鐘　簡單

材料

合桃仁 10 克｜開心果 30 克｜杏仁 10 克｜厚多士 1 片（約 60 克）

輔料

朱古力醬 45 克｜牛奶 10 毫升｜蜂蜜少許

特色

某個恬靜的下午，一杯紅茶再加上幾塊朱古力堅果三文治，心情瞬間就變得好起來！

烹飪秘笈

這款三文治裏的堅果品種並不是固定的，你也可以選擇自己喜歡的堅果品種，如榛子、夏威夷果等。

食材	參考熱量
合桃仁 10 克	78 千卡
開心果 30 克	184 千卡
杏仁 10 克	58 千卡
厚多士 60 克	126 千卡
朱古力醬 45 克	245 千卡
牛奶 10 毫升	5 千卡
合計	**696 千卡**

做法

1. 合桃仁用擀麵杖壓成合桃碎。
2. 杏仁用刀切碎。
3. 將開心果倒入料理機。
4. 加入牛奶和蜂蜜，打成開心果醬。
5. 多士放入麵包爐上烤 3 分鐘，烤至雙面金黃後取出。
6. 多士上抹開心果醬。
7. 撒上合桃碎和杏仁碎。
8. 淋上朱古力醬即可。

營養貼士

朱古力中含有類黃酮和可可黃烷醇等物質，適當地吃些朱古力可以幫助保護血管，維持正常血壓。

驚豔的午後小食

杏仁紅豆鮮奶油三文治

15 分鐘　簡單

材料

蜜紅豆 30 克 | 杏仁 20 克 |
厚多士 1 片（約 60 克）

輔料

淡奶油 50 毫升 | 白砂糖 15 克

特色

打發得十分綿密蓬鬆的奶油醬，配上口味奇妙的杏仁紅豆蓉，高顏值的下午茶，你值得擁有！

烹飪秘笈

如果家裏沒有裱花袋，也可以用勺子或果醬刀將淡奶油塗抹在麵包上。

食材	參考熱量
蜜紅豆 30 克	59 千卡
杏仁 20 克	116 千卡
淡奶油 50 毫升	175 千卡
厚多士 60 克	126 千卡
白砂糖 15 克	60 千卡
合計	**536 千卡**

做法

1. 取一容器，倒入淡奶油。
2. 分次加入白砂糖，用電動打蛋器打發至淡奶油不再流動。
3. 將杏仁和 15 克蜜紅豆放入料理機中，打成杏仁紅豆蓉。
4. 厚多士放入麵包機烤 3 分鐘，至雙面金黃後取出。
5. 在厚多士上塗抹杏仁紅豆蓉。
6. 將打發好的淡奶油裝入裱花袋內。
7. 在厚多士上擠上適量的淡奶油。
8. 在淡奶油上放上剩餘的蜜紅豆即可。

營養貼士

杏仁中含有豐富的維他命 E，能促進皮膚微循環，使皮膚紅潤光澤。

特色街邊小吃

榛果雪糕可麗餅

25 分鐘　簡單

材料

榛果 20 克 | 雲尼拿雪糕 100 克 | 牛奶 150 毫升 | 低筋麵粉 50 克 | 牛油 15 克 | 雞蛋 1 個（約 50 克）

輔料

朱古力醬少許 | 糖粉少許

特色

熱乎乎的可麗餅，卷上榛果和雪糕，再淋上朱古力醬，誰能拒絕這份誘人小點？

烹飪秘笈

選擇有不粘塗層的平底鍋，可以幫助我們快速地煎出漂亮的餅皮。

食材	參考熱量
榛果 20 克	112 千卡
雲尼拿雪糕 100 克	127 千卡
牛奶 150 毫升	81 千卡
低筋麵粉 50 克	174 千卡
牛油 15 克	133 千卡
雞蛋 50 克	72 千卡
合計	**699 千卡**

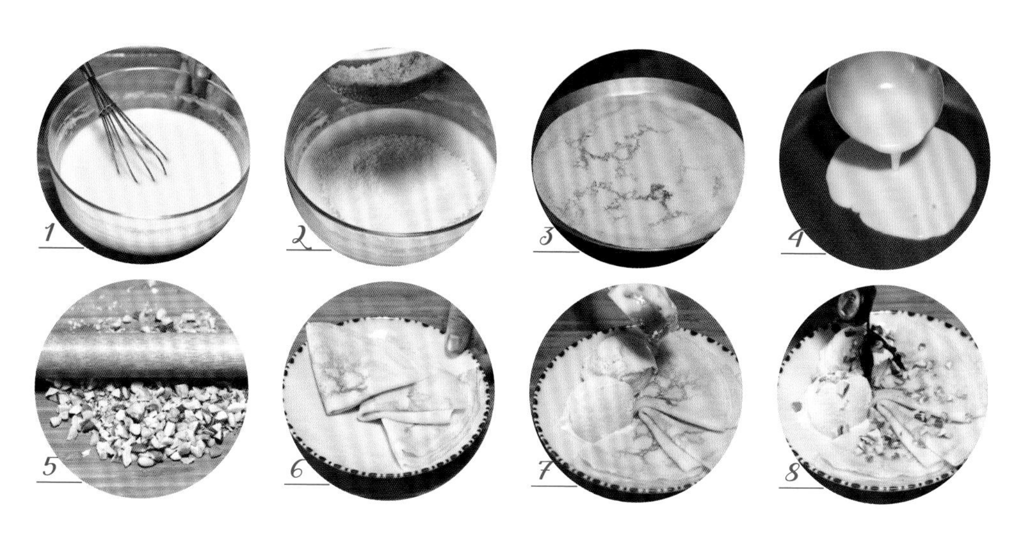

做法

1. 取一容器，倒入牛奶、糖粉和在室溫下融化了的牛油，將雞蛋也磕入容器中，用手持打蛋器攪拌均勻。
2. 分次篩入低筋麵粉，將麵糊攪拌均勻。
3. 取一平底煎鍋，中火加熱，倒入一大勺麵糊，旋轉煎鍋，將麵糊煎成可麗餅皮。
4. 繼續前一步的操作，直到用完所有麵糊。
5. 榛果用擀麵杖壓成榛果碎。
6. 將兩張可麗餅分別疊成扇形，依次擺入盤中。
7. 擠上兩個雲尼拿雪糕球。
8. 撒上榛果碎，淋上朱古力醬即可。

營養貼士

每 100 克榛果仁含鈣 316 毫克，是杏仁的 3 倍、合桃的 4 倍，是非常適合用來補鈣的美味堅果。

輕食配搭
沙律與三文治

作者
薩巴蒂娜

責任編輯
李穎宜

封面設計
陳翠賢

排版
劉葉青

出版者
萬里機構出版有限公司
香港鰂魚涌英皇道1065號東達中心1305室
電話：2564 7511
傳真：2565 5539
電郵：info@wanlibk.com
網址：http://www.wanlibk.com
http://www.facebook.com/wanlibk

發行者
香港聯合書刊物流有限公司
香港新界大埔汀麗路36號
中華商務印刷大廈3字樓
電話：（852）2150 2100
傳真：（852）2407 3062
電郵：info@suplogistics.com.hk

承印者
中華商務彩色印刷有限公司
香港新界大埔汀麗路36號

出版日期
二零一九年六月第一次印刷

ISBN 978-962-14-7061-4